東北のすごい生産者に会いに行く

アル・ケッチァーノ
奥田政行×三好かやの

はじめに

「奥田さん、一緒に東北の農家さん、漁師さんのところへ行きましょう!」

いきなりそうお願いしたのは、2013年の1月。久しぶりに郡山市の日本調理技術専門学校でお会いした時だった。

東日本大震災からそれまで、私は月刊誌『専門料理』で、東北で被災した生産者たちを食材ごとに訪ね歩き、現状をルポする「食の震災、食の復興」という連載記事を書いていた。まだ震災の爪痕が生々しい畑や海で、お会いした生産者は60人を超える。東京の自宅と仙台の実家を行き来しながら、現場の声がなかなか伝わらないもどかしさを感じていた。

東北人はつらくても「つらい」と言うのが大キライ。それでも言葉にならない思いを汲み取って、励ませるのは誰かな? 私が知っている人で、震災後、東北のために、一番頑張ったのは誰だろう?

「奥田さんしかいない」

そう思った。

ちょうど20年前、農家のお母さんのルポを書いていた私は、山形県羽黒町(現鶴岡市)の農家レストラン「穂波街道」を取材していた。店の奥さんに話を聞いていると、目の前を真っ白なコックコートを着た若者が横切って、一心に菜っ葉を摘み出した。土にまみれるのも厭わず、自ら進んで足を運び、食材を手に入れる。初めてそんな料理人の姿を見た。それが奥田さんだった。

「菜っ葉を摘む若者」は、それから「アル・ケッチァーノ」を開業し、庄内に埋もれていた在来作物と生産者を次々と発掘。庄内を「食の都」にし、親善大使も務め、都内にも開業、庄内の食材や生産者を背負って海外へ――。

かつてレストランに食材を納入する人は、たとえお金を払っても表玄関から入ってはいけない。そんな不文律があった。ところが奥田さんは、食材の作り手のために特別席を設け、店に招いて食事会を開き、一緒に海外へ出向くなど、食に携わる人たちの流れと価値観をひっくり返す「革命」を起こした。ずっと食と農の現場を取材してきた私にとって、奥田シェフは自然と食材と人を結びつける「先生」なのだ。お願いはただひとつ。

「その場限りでもいい。お訪ねした人を、しあわせにしてください」

行きずりの飲食店の厨房で、農家のご自宅のキッチンで、ホテルの宴会場の裏側で……出たとこ勝負の料理旅。津波が直撃し、ガスも水道も通っていない石巻の長面浦でも、とれたての生魚をさばいて、刺身をご馳走してくれた。どんなに厳しい条件下でも、奥田シェフは臨機応変かつ軽やかに、料理を披露していた。そしてまた、福島の食の未来を創造し、生産者を末永く応援するレストラン「福ケッチァーノ」も作ってしまった！

思えば料理人にとって、生産者はもっとも手強い相手である。なぜなら生まれた時から、いや生まれる前から何世代にも渡って、その食材の一番新鮮でおいしい部分を何度も味わっているのだから、小手先の技では通用しない。それでも、

「こんな料理見たことない。食べたことない。んまい！」

と唸らせ、みんなを笑顔にしてしまう。料理は人をしあわせにする魔法だ。

この本は、奥田シェフと訪ねた7人の生産者の足跡、ともに被災地の最前線で奮闘した同志「ロレオール」伊藤勝康シェフ、ホロホロ鳥の石黒幸一郎さんとの対談、そして私が単独で取材した4人の生産者のルポで構成されている。後半の4人は、東京電力との闘い、大規模化が加速する稲作、中山間地に移住した新規就農者たちの奮闘、なたね油を切り札に進む6次化……食に関わる人たちすべてが、ともに向き合わなければならない問題の最前線で闘っている人たちである。

いずれも震災から5年たっても10年たっても、応援し続けていきたい人たち。きっと彼らの願いの先に、新しい東北の未来がある。

「東北を元気に！」

その思いひとつで、ご一緒してくださった奥田シェフ、現場で待っていてくださったみなさん、移動や調理場の手配にご協力いただいたみなさん。この本には、本当に多くの人たちの力と願いが、詰まっている。

そして読者の方が、東北の人たちと傷みと希望を分かち合う――その一助となれば、本望だ。

三好かやの

目次

取材・文・撮影／三好かやの
デザイン／原口徹也（渋沢企画）
編集／鍋倉由記子

すごい生産者に会ってきた

福島、宮城、岩手。震災を乗り越え、農作物や海産物で東北を元気にしようと奮闘する人がいます。「とびきりのセリを育てる人がいるらしい！」「いち早く牡蠣を出荷した人がいる」。さまざまな現場を知る奥田政行シェフと三好かやのさんが、とくに「会って話を聞きたい！」と感じた生産者を訪ねました。

セリ

三浦隆弘さん　宮城・名取市（24ページ）

セリの旬は冬。小雪がちらつくなか、腰まで水に浸かって三浦隆弘さん（左）にセリの収穫を教わる奥田政行シェフ。水中でセリを引き抜いたら、そのままシャカシャカふって根を洗う。

収穫も終盤を迎える４月のセリ田には、トンボの姿も見られる。石灰窒素などを使わない三浦さんの田んぼは、多様な生物の住処。

太くのびやかな三浦さんのセリ。寒さの厳しい２月が最も味がよく、中でもクラウン（王冠）に似た形の付け根部分の味が濃い。

自分も食べようと、三浦家の鶏がセリを目がけてテーブルに飛び乗ってきた。

セリを見るなり1本取り出し、シャキシャキシャキ……2本、3本と試食が止まらない。「他のセリとは味も色も違う」と絶賛。

出荷の準備をする三浦さんの母・俊美さん。虫と共存しているため、出荷前のていねいな水洗いは不可欠。根っこの部分はとくに入念に洗い、さらに1本ずつチェックする。

セリ田に湧き出る地下水を口に含み、人間硬度計と化して「28から32くらいかな？　まろやかな軟水だ」と奥田シェフ。

宮城県のレッドデータブックにも載っている「イチョウウキゴケ」。農薬を使わなくなったら、田んぼに姿を現すようになった。

三浦さんのセリは、「葉を食べるもの」というそれまでのセリの常識を覆した。仙台で開かれた映画「よみがえりのレシピ」のイベントには、根っこの部分を組み合わせた一皿「金谷ごぼうと牛タン」が登場（撮影／長谷川潤）。

三浦さんが仙台の和食店「いな穂」の稲辺勲さんと考案した、セリが主役の鍋。だしと鶏や鴨肉、そしてたっぷりのセリというシンプルな構成で「じわじわ」とファンが増えている。

野菜

鈴木光一さん 福島・郡山市(40ページ)

奥田シェフによる福島の食材、福島出身のスタッフが生み出す復興レストラン「福ケッチァーノ」の記者発表の席に並んだ野菜。鈴木さんたち「あおむしくらぶ」が育てた紅御前人参、めんげ芋などの「郡山ブランド野菜」に加え、カリフラワー、カブ、ミニキャベツ、黒大根なども。

鈴木さんは農場と種苗店を経営。店頭で野菜や種、苗を販売する以外に視察なども受け入れる(要問合せ)。

「カリスマ農家」と呼ばれる郡山の若手生産者のリーダー、鈴木光一さん。年間200種の野菜を栽培する。

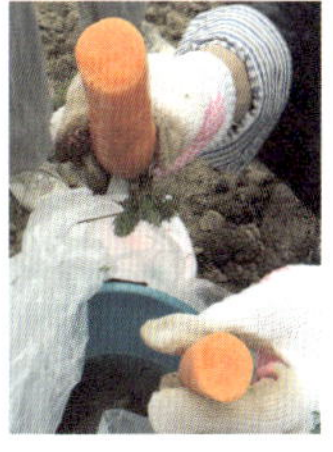

郡山ブランド野菜のひとつ「御前人参」。一般的な品種に比べ、カロテンの含有量が高く、ジュースにすればそのまま飲める甘さと鮮やかな色が特徴。

郡山駅から西に車で20分。2.6haの畑と6haの田を耕す。写真はタマネギ「万吉どん」の植え付け。

ブランド野菜を知ってほしいと始めたあぐり市。写真は2013年12月に奥田シェフが訪れた時の様子。カラフルな野菜を前に、説明をするあおむしくらぶのメンバー。

郡山の野菜で料理を作るべく「郡山ビューホテル」の厨房へ。ホテルのスタッフとあおむしくらぶのメンバーと奥田シェフ。野菜を手にするのは、鈴木さんの長男智哉さん。

5色のニンジンをリボン状にスライス。このあと、奥田シェフはパスタに見立てて一皿に。

そのツリーをあしらった「ロマネスコのクリスマス」。ホタテのソテーとさっとゆでたロマネスコ、塩、アンチョビー、ニンニク、レモンを混ぜ合わせたもの。

縦にスライスしたロマネスコ（カリフラワー）を手に「小さなクリスマスツリーみたいだ！」

「福ケッチァーノ」は2014年3月10日にオープン。郡山周辺の食材を福島出身のスタッフが料理する、福島の未来を創るレストランだ。店舗はトレーラーハウスで、移動も可能。

福ケッチァーノ開業の発表会見にて。スタッフとなる福島出身の横田真澄さんのほか、同店に食材を提供する鈴木さんと加藤修一さん(20ページ)の姿もあった。

鈴木さんの野菜をはじめ、ずらり並んだ地元の野菜を手に張り切る奥田シェフ。オープンキッチンの厨房に面したカウンターは13席、ほかにテーブル席が18席ある。

ある冬のメニューより、豚肉のメインディッシュ。グリルした豚肉に、鈴木さんが育てた3色のダイコンとニンジンなど野菜をたっぷり添えて。

牡蠣

工藤忠清さん　宮城・南三陸町（60ページ）

震災後、いち早く種牡蠣を仕込んだ工藤さんたち南三陸漁業組合では、2013年春には3年ものの牡蠣が出荷可能に。津波で攪拌された海でぐんぐん育った牡蠣は大粒でぷりぷり。

朝の志津川湾。大気が冷え込む寒い時期には、海から水蒸気が立ち上る「けあらし」という現象が起こる。

支援団体と一緒に建て、学生に絵を描いてもらった番屋(作業場)の前で30～40代の志津川の漁師たち。ここを拠点に漁業を再開した工藤さんらは「番屋チーム」と呼ばれていた。

工藤忠清さんも震災で船や養殖・加工施設を失った。でも「三陸で一番に再開する！」と仲間を引っ張ってきた。

震災2カ月後、初めて海に出た工藤さんが「大丈夫、牡蠣は生きている！」。志津川を訪れた奥田シェフの「海に出たい」に後押しされた。

淡水とともに運ばれてきたギンザケの稚魚を海水へ。徐々に慣らしながらいけすへ運ぶ。20代の若者から70代のベテランまで、力を合わせて作業にあたる。

志津川はギンザケの養殖もさかん。2011年の11月には岩手から取り寄せた稚魚を、新しいいけすに移して養殖を再開した。

浄化施設から牡蠣を引き上げるところ。「滅菌した海水で22時間以上浄化します。牡蠣が人工透析受けているみたいなもの」と工藤さん。

11年の年末に竣工した南三陸漁業生産組合の加工施設は、13年3月に完成した。

海から引き上げた牡蠣にはムール貝やホヤなど付着物がいっぱい。はずしてから殻をむく。

牡蠣の殻むきは組合員みんなで黙々と。奥田シェフもひとつ手伝いながら「料理人とは殻のむき方が違う」。

「本場のオイスターバーを見せたい」と奥田さんが工藤さんを連れて参加した「マドリード国際グルメ博」にて、牡蠣むきチャンピオンと。

志津川でムール貝を見た時に飛び出た奥田シェフのダジャレから生まれた「モン・サン・リック」という名のスプマンテ。サンマリノ共和国からの応援の印でもある。

13年秋、百貨店の催事にサンマリノ共和国のブースを出店した奥田シェフは、東北を支援する「モン・サン・リックコース」を提供。前菜の「カキとカキビネガーのパプリカ」には工藤さんの牡蠣を使って。

桃

加藤修一さん 福島・福島市（78ページ）

加藤修一さんの畑で収穫を迎えた桃・あかつき。土づくりからこだわって育てた桃を加藤さんは、「吟壌桃」と名づけてブランド化してきた。やわらかく傷つきやすい桃を、最高の状態で味わえる期間はごく短い。

加藤さんは30年前に就農。当時から土壌に注目し、独自の発酵肥料を使った栽培に取り組んできた。

フルーツファームカトウは福島市の果樹園が多い街道近くにある。さくらんぼ、桃、リンゴを栽培。

初めて加藤さんをたずねた2012年5月、男性３人がかりで2.6haの畑の表土をはぎ、古い木を切る除染作業に取り組んでいた。

大規模な除染後、初めて収穫を迎えた桃畑。地面に「タイベック」という資材を敷き、色と味をよくし、雨水が土にしみこむのを防ぐ。

「生産者にとって表土は人生そのもの。それを削り取るのはわが身を削るのと一緒だ」。と加藤さんは話す。

奥田シェフも気になる変わった桃を発見。信州生まれの「滝の沢ゴールド」は、黄色い果肉と高い香りが特徴。

震災後に植えた１年生の桃の木。出荷できるまでに５年ほどかかるという。

原発事故の影響で売上げが落ち込んだ時に始めたオーナー制度。木のオーナーになると、その木の中で加藤さんが厳選した10個が届けられる仕組み。

台木には丈夫な山桜の木を選び、そこに自分の農園で一番優れた実をつける木の枝を接ぐ。

桃と同じバラ科のアーモンドも育て始めた。「スペインではこれを丸ごと絞るんだ」とその場でかじる奥田シェフ。

庄内産の緑長なすの皮をむいて手でちぎり、２種類の桃（あかつき、滝の沢ゴールド）とあえた「桃と緑長ナスの軽いマリネ」。

フレッシュの桃にヤギの乳から作ったさっぱり味のリコッタチーズ、生ハムをのせ、ハーブを散らした「あかつき、生ハム、ヤギのリコッタ」。

スライスした２種の桃にオリーブ油をふり、白いアーモンドを散らした。「日本で手に入るなんて」とシェフが反応したアーモンドは生のまま使用。

奥田シェフお気に入りの宮城産「漢方和牛」のローストには、あえて表面を香ばしく焼いて甘みを引き出した桃を添えて。

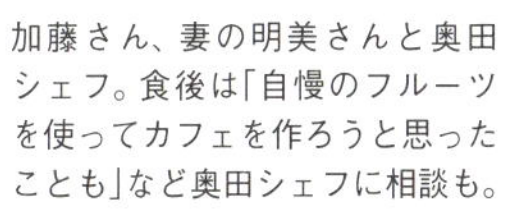

加藤さん、妻の明美さんと奥田シェフ。食後は「自慢のフルーツを使ってカフェを作ろうと思ったことも」など奥田シェフに相談も。

セリの仕返し、鴨の恩返し

三浦隆弘（宮城・名取市）

みうら・たかひろ
1979年生まれ。宮城県農業短期大学卒業後、20歳で就農。名取市下余田地区の最年少農家として、伝統野菜のセリやミョウガタケなどを露地栽培しながら、地域の豊かな資源を生かした持続可能な農業を目指している。オープンファーム「なとり農と自然のがっこう」を開催、ほかに小学校の総合学習の授業「田んぼのがっこう」で子どもたちと古代米を栽培するなど、環境保全や有機農業、食育に関するNPOの事業運営にも積極的に参画する。

「名取にすごいセリがある。見に行こう！」

ある時、奥田政行シェフから電話がかかってきた。

「ああ、三浦さんのセリですね」

「えっ、なんで知ってんの？」

すごい食材を見つけて興奮気味のシェフは、拍子抜けした様子。そしてちょっと悔しそうだった。

10年以上、ずっと最年少のセリ屋さん

その前年の2012年1月、私はまさにその「すごいセリ」の生産者である三浦隆弘さんの案内で、名取市の閖上（ゆりあげ）地区を訪ねていた。

門がまえに「水」と書くこの珍しい漢字が、名取川の河口に位置するこの地名以外に使われているのを見たことがない。先の震災の津波で754人の人が犠牲になったこの地区の光景は、テレビや新聞で何度も報じられ、誰もがふりがながなくても「ゆりあげ」と読めるようになった。

押し寄せたガレキは撤去され、建物の土台と、立ち枯れた雑草だけが残る荒涼とした風景が、どこまでも続いていた。住宅地も商店街も、そして田んぼも手つかずのまま。地盤沈下のせいか、あちこちに水たまりができていて、例年通り渡ってきた鴨が、そこで羽を休めていた。

「人も街も津波で傷ついているのに、鳥はちゃんと渡って来るんですね」

「鴨は、セリの天敵なんです。だから防鳥ネットは欠かせません」

「そうなんですか。それにしてもよく太った鴨だなぁ」

迎えに来てくれた三浦さんと、まずそんな話をした。

閖上地区から内陸へ車で10分。下余田（しもようでん）地区に入ると、景色が一変した。真冬だというのに、凍らぬ水を湛（たた）えたセリ田が続いている。距離にして5㎞ほどしか離れていないのに、震災の爪跡が感じられない。同じ街に暮らしていても、海からの距離やちょっとした高低差で、被害状況がくっきりと分かれてしまっている。それもまた、津波の残酷さなのだと思った。

せり　なずな　ごぎょう　はこべら　ほとけのざ　すずな　すずしろ　これぞ七草

春の七草の冒頭に唱えられるセリは、数少ない日本原産の野菜のひとつ。『古事記』や『万葉集』にも記述が見られるほど古来より日本人に親しまれ、名取市での栽培の歴史も古い。

三浦さんのセリ田がある下余田のお隣、上余田（かみようでん）村の名主であった肝煎（きもいり）彦六が安永5年（1776）に記した記録によれば、江戸初期の元和年間（1620年ころ）に、自生していたセリの原種に改良を重ねて栽培に成功。彦六自身も改良を重ね、栽培普及に尽力したという（『名取市史』より）。

こうして名取川の伏流水が湧き出る上余田、下余田地区で、豊富な地下水を利用したセリの栽培が行われるようになった。近年は品種改良も進んでおり、おもに葉が多くて歩留まりのよい「名取5号」、茎がやわらかく、細いながらも味の濃い「名取6号」などが栽培されている。

セリは、仙台周辺では正月のお雑煮になくてはならない存在で、東京の市場には「仙台せり」の名で出荷されている。その歴史は、笹かまぼこや牛タンよりもずっと古いのだ。

そんな伝統ある名取のセリを受け継ぐ三浦さんは、１９７９年生まれ。父親を早くに亡くし、祖父から農業の手ほどきを受けて育った。プロレスラーを目指したこともあるが、宮城県農業短期大学を卒業後、20歳で就農。米とセリ、茎を軟白させて育てるミョウガタケや枝豆を栽培している。

「この辺のセリ農家で一番若いのでは？」とたずねると、

「いやあ、もう10年以上ずっと最年少です」

丸顔で真っ赤なほっぺの笑顔がさらにほころんだ。

仙台市の南隣に位置する名取市の農家の大部分は兼業で、その子弟でも働く場所にはこと欠かず、学校を出てからすぐに就農する人はほとんどいない。セリを栽培しているのは、三浦さんよりも20歳以上年嵩の「おんちゃんだぢ（おじさんたち）」ばかり。名取でも彼のように若くしてセリ屋になる人は、ごくまれな存在なのだ。

そんな三浦さんにとって、栽培の師匠は祖父と母。そして仙台周辺の「おばちゃんたち」だ。農業短大時代に環境保護を推進する市民活動にのめり込んでいた三浦さんは、そこで農薬を使わない「環境保全米」を求める活動をしている女性たちと知り合い、彼女たちがいかに安心して食べられる食材を希求しているか、それを栽培する人がいかに少ないか、そして身近に信頼できる生産者にいてほしいと望んでいるかを痛感した。三浦さん自身も二児の父。そんなこともあって、「安全性」という言葉に敏感な生産者になっていった。

そんなに食べるの、鴨ぐらい

それから1年後の13年2月。仙台周辺で食材を探していた奥田シェフと一緒に、改めて三浦さんのセリ田を訪ねると、作業場にきれいに水洗いした名取6号が並んでいた。セリの味と食感は月ごとに変わっていくが、寒さの厳しい2月が最も味がよいといわれる。

奥田シェフは、セリを見るなり1本手に取り、「シャキシャキシャキ」とリズミカルに、葉っぱから食べ出した。2本、3本、シャキシャキ、シャキシャキ……なかなか止まらない。

「やっぱ違う。丈が短い。色が違う」

そう言いながらも、食べるのをやめない。草丈は約30㎝、根は10㎝。葉は明るい緑色だ。

「一番味が濃いのは、クラウン(王冠)のような形をしているつけ根の部分ですね。葉っぱの味、根っこの味、茎の味がそれぞれ違うので、生でも飽きずに食べられるんです」

「苦みと渋みがクセになる。よそのセリは、どうも根っこがゴワゴワしている」

「石灰窒素を入れるところが多いんです。それで渋みが強くなったり、固くなるんだと思います」

石灰窒素は、肥料と農薬の効果を併せ持つ資材で、土に窒素分を補給して雑草や虫を抑える効果がある。でも、毎年小学生を田んぼに招いて体験活動を行なっている三浦さんは、カエルやトンボ、水草など、田んぼにいる生き物たちも大事な「教材」と考えている。だから石灰窒素は使わずに、鶏糞と油かす主体の有機肥料を使って土づくりをしている。

そんな話をしている間もシェフの試食は止まらない。それを見ていた三浦さんのお母さんが、

「生でそんなに食べるのは、鴨ぐらいかな？」

と笑った。するとシェフの背後から忍び寄る小さな影。庭を散歩中の、三浦家のニワトリだった。セリが乗っている台を見上げ、チョコッと首を傾げたかと思うと、セリ目がけて飛び乗った。

「コラッ！」

三浦さんの一撃を食らって、しぶしぶ退散。鴨もシェフも、そしてニワトリも、三浦さんのセリが大好物なのだ。

セリが主役の鍋料理

セリはもともと野草で、田んぼの畦に自生していたりするが、現在は栽培用の品種改良も進んでいる。種子が採りにくいので、春から夏にかけ、茎の根の際から地表を這うように伸びるランナー（匍匐枝）をカットした〝もやし〟のような苗を、代掻きした田んぼへパラパラと蒔いていく。

どんどん生長するので、今度は伸びてきたセリを、大きな木の板などで踏みつけて「倒す」。これは三浦さんが、名取の大先輩の農家に教わった方法で、押さえつけることでセリにプレッシャーをかけ、次の新芽を伸ばすのだ。「もうダメだ、しんどい。それでも繁殖しなくちゃ」と（おそらく）思ったセリは、次の新芽を伸ばす。これを「強制更新」という。

「いじめなければ、ただ上にニョキニョキと伸びていくだけです」

あえて過酷な状況に追い込み、ストレスを与えることでセリは生長し、味わいを増す。セリにも試練は必要なのだ。

そうしてセリの丈が伸びるのに合わせ、セリ田の水位を徐々に上げていく。そうすることで茎が太く、長くなっていく。セリの出荷時期は10月〜翌年の4月だが、収穫期以外は1年中管理が必要で、とくに夏の間は虫や病気がつきやすい。また、冬になればなったで、風に揺さぶられて枯れてしまったり、鴨に食べられてしまうこともある。

水鳥である鴨の好物は、セリの葉や茎ではなく根っこ。根こそぎ掘り起こして食べてしまうのだ。三浦さんが「一番味が濃い」と言っていたクラウンの部分がとくに大好き。だからセリ田の上に防鳥ネットを張って防いでいるが、雪が多いと重みでつぶれてしまったり、寒さに凍って枯れてしまうこともある。栽培の苦労は尽きない。

それでも三浦さんは、農薬や化学肥料を使わずに、セリを作り続ける。

「一年中セリ田に水を張って育てていると、虫やら鳥やら水草やら、いろんな生きものがやってきます。その原理は〝ふゆみず田んぼ〟と一緒です。そんな中でおいしいセリを作りたいと、1人でじわじわとやってきました」

「じわじわ」は三浦さんがよく使う言い回し。足元を見失わず、一歩一歩少しずつ、セリのように根を張って着実に成長していこう。そんな気概を感じる。

また、ふゆみず田んぼは、冬の間も水を張り、原生動物やミミズ、水鳥など多様な生き物の力を借りて無農薬、無化学肥料で米を作る農法のこと。三浦さんが就農して6年目以降、石灰窒素を使わずに栽培するようになってから、セリ田の水面に「イチョウウキゴケ」が現れたそうだ。「宮城県レッドデータブック」で、絶滅危惧1類CR+ENに指定されている浮遊性のコケ植物で、目を凝らしてよーく見ると、小さなイチョウの葉によく似た形をしている。水質汚染や農薬の使用で数が減っていたが、三浦さんの田んぼでは、セリと一緒に水面で揺れている。

作業場では、お母さんが出荷用のセリを丹念にチェックして、束ねていた。

とかく消費者は安心・安全な農産物というと、無農薬、無化学肥料栽培を求めるけれど、それを実現させるのは容易なことではない。たとえば、三浦さんのセリ田ではセリと虫が共存しているから、「とくにおいしい」根っこの部分につく虫やヒルを、ていねいに水で洗い流してから出荷しなければならない。でも、中には紛れてしまうヤツもいる。だから飲食店に卸す時は、使う前に入念にチェックをして、もう一度水洗いしてくれる……そんな手間を厭わない人たちに自然と限られる。

そんな三浦さんのセリを、最初に見出したのは、仙台駅近くの割烹料理店「いな穂」の稲辺勲さんだった。03年、三浦さんの結婚式の二次会で腕を振るっていたのが稲辺さんで、その翌年、2人で試行錯誤しながら生み出したのが「セリ鍋」だ。鍋に鴨肉のだしを張り、そこに生のセリをくぐらせて味わう。セリは根っこごと。鴨ではなく、セリが主役の鍋料理だ。

このセリ鍋を私に教えてくれたのは、「伯楽星」の銘柄で知られる株式会社新澤醸造店の新澤巌夫さんだ。「究極の食中酒」として伯楽星を世に送り出し、料理人から高い評価を受けている新澤さんもまた、大崎市三本木で140年続いていた酒蔵が、震災により全壊。南に70㎞離れた川崎町に蔵を移し、再建の真っ只中だった。

新澤さんとセリ鍋を食べるために仙台駅前の居酒屋「蔵の庄」に入ったのは、震災が起きた翌年の1月。出てきたのは､だしを張った鍋と鶏肉が少々。そして山盛りのセリ。「いいから食べてみて」と、新澤さんに言われるままに、箸を進めた。ほとんどセリだけなのに、ひと口、またひと口と食べるうちに箸が止まらなくなる。新澤さんが醸した「伯楽星」との相性も絶妙だ。

「三浦さんのセリでなければ、こうはいかないんですよ」

と新澤さん。やはり三浦さんのセリは、すごいのだ。

豊富な地下水が育むセリ

さて、なかなか終わらない奥田シェフの試食が一段落したころ、三浦さんが「セリ田に入ってみませんか?」とシェフを誘った。

「おお! ぜひとも」

「入る」といっても、腰まで浸かるほどの水位のセリ田では、長靴くらいでは長さが足りない。漁師さんが着るような、がっちり胸まで丈のあるゴム長靴が用意されていた。

「セリ田は寒いから、これをかぶっていきなさい」

と、お母さんに差し出されたあったかそうな茶色い毛糸の帽子を頭にのせ、肘まで丈のあるゴム手袋を装着して、2人はセリ田へ。地上は小雪の舞う寒さ。ところが、

「入ってしまえば、中の方があったかい」

とシェフ。田んぼに湧き出る地下水は、15℃前後と安定しているため、真冬は意外に水の中の方があたたかかったりする。両手でセリの根元を探し、わしづかみにして引き抜いたら水面へ持ち上げ、シャカシャカ揺らして水洗い。何度もシャカシャカと揺らすのを繰り返す。

「よしよし、だんだん覚えてきた」

とシェフは早々にコツをつかんだ様子。大きな三浦さんと、小柄なシェフ。どっちが兄だかわからないけど同じ格好をした「セリ田の兄弟」がセリを採り続ける。

ポンプで汲み上げた地下水が湧き出る場所を見つけたシェフは、その水を口に含むなり生きた硬度計と化して「んー。28から32くらいかな?」と言い始めた。水の硬度を当てるのは奥田シェフの得意技。アル・ケッチァーノの前にも「イイデバの泉」と呼ばれる地下水が湧き出る場所があるが、その硬度は83で硬水に近い軟水なのだそう。それに対し、このセリ田の水はまろやかな軟水のようだ。

「セリ持って、こっちを向いてください!」

と、私がカメラを向けた時、奥田シェフは少年みたいな笑顔になっていた。山形や東京に加え、地方の店もプロデュース。郡山の「福ケッチァーノ」の立ち上げも始まっていて、多忙を極めていたシェフだが、この時だけは「久しぶりに楽しかった。心の底から」と話していた。

こんこんと湧く水は尽きることを知らず、ここからわずか5㎞離れた場所に津波が来ただなんて、とても信じられない。しかし、セリ田の下流には閖上地区がある。セリの生産者には、米も栽培している人が多いが、震災の年とその翌年、下余田地区の農家は「今年の米作りは休もう」と決めた。「ご遺体の捜索が最優先。ここで米を作ると、水が流れて捜索に支障が出てしまう。だからセリを作る時も、なるべく排水を減らして流さないようにしよう。そんな申し送りがありました」

閖上と下余田は、水路でつながっている。決して他人事ではないのだ。

天敵は最高の相方

その日の夜、仙台駅前の居酒屋「わのしょく二階」の厨房をお借りし、奥田シェフが三浦さんのセリを料理することになった。イタリア料理では、いったいどんな食材を合せるのだろう？

「鴨肉と合わせたい」

「えー？　鴨はセリの天敵じゃないですか」と私が言うと、「『鬼平犯科帳』に出てくる〝鴨芹〟ですね」と三浦さん。そういえば、新撰組に「芹沢鴨」ってヘンな名前の隊員がいた。先人たちは、天敵関係にあるこの二者の料理の相性を知っていたようだ。

「天敵対決」が始まった。お店が用意してくれた真鴨のモモ肉を、奥田シェフは皮目を下にしてフライパンに入れ、じっくり加熱し始めた。どんどん脂が出てくる。そこへニンニクを投じて香りが出てきたところで、脂にくぐらせるようにしてセリの根の部分だけを加熱する。茎と葉は生のままだ。

フライパンで表面を焼いた鴨肉をアルミ箔で包んでしばらく休ませたら、再びフライパンで皮目を焼くこと1分。カットすると、鮮やかな赤身が現われた。皿にスライスした鴨肉とセリを山のように盛りつける。

「シェフ、この料理の名前は？」

「セリの仕返し」

「逃げられないセリは、ずっとやられっぱなしでしたもんね」

「そして鴨の恩返し」

「セリ田を荒らしてごめんなさいって、セリと三浦さんに謝っているわけですね」

冬の間に脂をがっちり貯め込んだ鴨と合わせると、セリの味わいと食感が格段に引き立つ。いつもは天敵同士。だけどお皿の上では互いの持ち味を引き立てて、最高の相方になる。

三浦さんは、奥田さんが料理する背中をずっと見つめていた。そして「仕返しと恩返し」が同居するひと皿を味わうと、満面の笑顔でこう言った。

「今夜だけは、世界中のセリ屋の中で、僕が一番幸せです」

子どもの五感に刺さってほしい

三浦さんは、15年ほど前から月に一度、近所の人を対象に「なとり農と自然のがっこう」というオープンファームを開いている。たとえば、庭の柚子の木からもいだ実でのジャム作り。枝豆の時期にはずんだ餅を……そんな農家の暮らしの中にある、〝食の営み〟を、みんなで体験する。
「農家というのはただ食物を作る場所ではなく、人が暮らす場所なんです。衣食住、人間が生きるチカラを磨くための、知恵や工夫が詰まった博物館でもある。自分はそんな〝暮らしの学芸員〟でありたいと思っています。自分たちが暮らす近くに食べものを作っている場所があることに、価値を見い出してもらいたい。それを伝えたくて、ずっと続けていました」

ある時、名取市の増田小学校の先生が娘を連れて体験プログラムに参加。終了後、三浦さんに「授業で〝田んぼのがっこう〟を開きたい」と申し出た。そして誕生したのが、増田小学校の5年生を対象に毎年行っている総合学習の授業「田んぼのがっこう」だ。

田植えや稲刈りをするだけではない点が、このカリキュラムの特徴だ。
「子どもたちに残したいのは、彼らの五感に『刺さって』いく何かです。それは匂いだったり、音だったり、感触だったり。田んぼを通して感じてほしいんです」

一方的にやらせるだけでは、「農家のオヤジに怒られた」くらいの印象しか残らない。だから、基本的には自由にさせている。なかには、ちっとも作業に参加せずにずーっと虫ばかり追いかけている子、ひたすら泥を練っている子もいる。それでかまわない。田んぼというフィールドで、彼らの本能に「何か」が刺さっているのだから。そう三浦さんは考えている。
「子どもたちには田んぼに、裸足で入ってもらいたい。うちの田んぼにはいろんな生き物がいますが。いいのも、悪いのも」

始めた当初は、田んぼで見つけたカエルを持ち帰っていいことにしていた。ところが、あまりに「お持ちカエル」が多く、カエルが減ってしまったので、「田んぼに放しましょう」となった。

がっこうで子どもたちと栽培するのは、粒が紫色の古代米だ。収穫したら終わりではなく、地元の協力業者に持ち込み、パンと甘酒に加工する。それを子どもたちが販売するのだ。がっこうの舞台は田んぼから名取のイオンモールへ。

「最初はみんなガチガチで、お客さんになかなか声がかけられません。でも1時間後には『試食いかがですか？』って追いかけています。食べものを通じて、どんどん世の中と渡り合っていく。そんな子どもたちと関わり続けるのは、楽しいですよ。未来を見つけている感じがします」

家族や学校の先生以外の大人と、話したことがある経験が乏しい子が多いと感じている。食べものを通じて、その機会を増やしたい。「田んぼのがっこう」では、お米がお金になるまでに栽培、加工、販売といろんな営みがあること。栽培だけでなく、食と人との関わりをトータルで学んでほしい。三浦さんは毎年、それを伝えることを大事している。

そんな取り組みも、もう10年以上。見知らぬ若者にいきなり「三浦さん！」と声をかけられ、「田んぼのがっこうで教わりました」と言われることもある。10年前の小学5年生は、もう20歳。きっと何かが刺さっているのだろう。

ずっと30ａのままでいい

現在、三浦さんのセリの栽培面積は30アール。「いな穂」のセリ鍋ファンを皮切りに、仙台市内の自然食品店や勾当台公園広場で開かれる朝市などに参加して、地道に販売先を増やしてきた。最近は「もっとほしい」という声も聞こえてくる。

「田んぼや人を増やして生産ラインを作り、たとえば私の似顔絵シールを貼って販売したりすれば、規模拡大は可能だと思います。でも規模が大きくなると、スピードを求められてセリの生長が追いつかなくなってしまう。自分が責任を持てる範囲でじわじわ守っていくほうがいい。30アールでいいんですよ、ずっと。おいしいセリが食べたくなったら、仙台に来て仙台資本のお店で食べてください」

震災から4度目の冬、私は「蔵の庄」でセリ鍋を食べた。

「鴨にやられたり、大雪に埋もれたり、風で倒れたり、状況により、予定数を出荷できないこともあります。事前にお店に予約して出かけてください」

と三浦さんが話していたので、ちゃんと予約して出かけた。

セリばかりなのに、やはりどんどん食べたくなってしまう。ふと周りを見渡すと、ほとんどの客席でセリ鍋を囲んでいて、認知度と評判が高まっているのを感じた。仙台市内では、「仙台セリ鍋」を看板メニューに掲げた店が増えているが、三浦さんのセリを味わえる店は限られている。

現在、三浦さんと同じ農法でセリを作っている人はいない。同じ農法で育てる、新しい「セリ屋」は出現しないだろうか？　今日明日はムリだとしても、いつか小学生だった子が、「セリの作り方を教えてほしい」とやってくるかもしれない。

「膨大な卵を孵して稚魚を放つ、サケの放流事業と似ています。カムバックサーモン。いつ、どれくらい、どんな形で戻ってくるのかわかりませんが」

もともと安全性に留意し、栽培を続けてきた三浦さんだが、東京電力福島第一原子力発電所の事故以来、「自分の作物は安全性を確かめたうえで出荷しよう」「手の届く範囲で、誰が食べているかわかる形で販売していこう」という思いはよりいっそう強くなった。

県もサンプル検査をしているが、三浦さんは自主的に仙台の放射能測定室に持ち込み、検査結果を添付しながら出荷している。検出限界3ベクレル（1kgあたり）で計測し、これまでずっとＮＤ（検出限界以下）。でも、今後も自主検査は必要だと考えている。そこには、消費者への思いもある。

「自分から信頼できる農家とつながって、栽培の現場を見て、客観的なデータも鑑みて、自分で何をどう食べるか判断する。そんな人たちが増えていけば、テレビや新聞の報道に一喜一憂したり、なんとなく不安な空気に飲み込まれて右往左往することはないと思うんです」

余計な心配しなくてもいいように、信頼できる生産者とつながろう。心配な時は、ちゃんと計って自分の判断で食べていこう。三浦さんのセリには、そんなメッセージも込められている。

震災を経験して、東北の生産者は変わろうとしている。そして変わらなければいけないのは、それを扱う人、料理する人、食べる私たちも一緒だ。

福島の未来を創る野菜たち

鈴木光一（福島・郡山市）

すずき・こういち
1962年生まれ。米農家の3代目。東京農業大学農学部農業経済学科を卒業し、87年に「鈴木農場」を開設。翌年、野菜の苗の生産と直売を開始。97年に祖母の家が経営していた「伊東種苗店」も引き継ぎ、種苗店の経営を始める。2000年より郡山市農業青年会議所会長、現在は顧問を務める。02年種苗管理士・シードアドバイザー資格取得。03年より「郡山ブランド野菜」のプロデュースを手がける。

種も苗も売れない春

「郡山に、鈴木光一さんというカリスマ農家がいます」

震災から間もない2011年4月、そう教えてくれたのは、福島県郡山市にある学校法人永和学園日本調理技術専門学校（以下、日調）の鹿野正道先生だった。*

当時はまだ東北新幹線も不通のままで、交通網も混乱状態。それでも東北の生産者の生の声が聞きたいと、私は電話でのインタビューに応じてくれる人を探していた。最初に電話したのは、かつて新橋の居酒屋で遭遇した福島県大玉村の米農家、鈴木博之さん（198ページ）。当時は東京電力福島第一原発の事故により、茨城や千葉の農家でも、育てた露地野菜をすべて抜き取り、廃棄する事態に陥っていた。福島県で野菜を栽培している人たちは、どうしているのだろう？ 誰か福島の生産者に詳しい人はいないだろうか。そこで以前からこの調理師学校で講師を務めている奥田シェフにたずねると、

「それなら、鹿野さんに聞くといい」

そして、その鹿野先生に紹介されたのが鈴木光一さんだった。いきなりカリスマだと言われても、根拠がわからない。思わず「何をもって、〝カリスマ〟とおっしゃるのですか？」とたずねると、

「私がカリスマだと思うから、カリスマなんですっ！」

ときっぱり。その声には、迷いもためらいもまったくなかった。料理の専門家が言っているのだから間違いない。とにかく「野菜の鈴木さん」に、電話でお話を聞くことにした。

＊福島県郡山市安積4-229　電話024-946-8600　http://www.nitcho.com/

「電話で初対面」にも関わらず、鈴木さんは震災直後の野菜と農家の状況を、実に明確に答えてくださった。畑は郡山駅から西へ7㎞ほどの場所にあり、多品種多品目の野菜を栽培していること。震災時、郡山周辺は震度5弱。地震そのものの被害は少なかったものの、原発事故の影響で、露地で栽培したホウレン草は引き抜いてすべて破棄。その他の野菜も、出荷停止の状態が続いていること。

当時はまだ放射性物質の検査体制が整っていなかったが、郡山市の若手農家のリーダーである鈴木さんのもとには、いち早く県の職員がやってきて、畑にあったキャベツを持ち帰り検査機にかけたそうだ。その結果、放射性物質は検出されなかった。

また、鈴木さんは、野菜を作りながら祖母の実家が経営していた種苗店を継承。「シードアドバイザー」の資格を取得し、野菜の種や苗も販売している。例年ならば、電話をした4月から5月にかけては種蒔（ま）きシーズンで、かき入れ時だ。ところが、

「今、ハウスでは春植えの苗が育っていますが、これをどう作付けしていけばよいのか。農家や家庭菜園のお客さんは、苗を買ってくれるのだろうか。販売戦略の立てようがありません」

と混乱した様子。それでも、その時点で考えられるあらゆる手だてを使い、作物が放射性物質を吸収しない栽培方法を探っていた。そして、周囲の誰もが希望を失っていたこの時期に、

「福島でなくフクシマの名は、ヒロシマ同様世界に知れ渡りました。いつか震災と原発事故を乗り越えて、クリーンな野菜を作れる産地なんだと言える日が来るように、取り組んでいきたい」

と話していた。私はまだ、鈴木さんの顔も野菜も畑も見ていない。だけどやっぱりこの人は、「カリ

スマなんだ」と感じた。

郡山のブランド野菜たち

ようやく郡山の鈴木さんを訪ねることができたのは、その年の10月の終わりだった。

農場の入口に小さな直売所があり、種や苗を販売している。そこに並んでいるのは「郡山ブランド野菜」。これは郡山農業青年会議所のメンバーを中心に、若手農家30人が集う「あおむしくらぶ*」のメンバーが「郡山市の新たな特産品を作ろう」と03年から取り組んでいるもので、震災前にはすでに7つのブランド野菜が登場していた。

御前人参（ごぜん）　高カロテンで甘みが強いニンジン。絞っただけでジュースになる。

緑の王子　生食できるホウレン草。他の品種と栽培すると真っ先に鳥に食べられてしまうおいしさ。

冬甘菜（ふゆかんな）　冬の寒さで凍らないように糖度を上げて凍結を防ぐ、寒じめキャベツ。

ハイカラリッくん　白ネギと青ネギの中間的な中ネギ。青みが多く、熱を通すと甘みが増す。

ささげっ子　甘みとやわらかさを併せ持つインゲン。

佐助ナス　生食可能なやわらかいナス。「さすけない」は、方言で「問題ない」「大丈夫だよ」の意。

グリーンスウィート　食味抜群の枝豆。農産物直売所で、真っ先に棚から消えるほどの人気。

＊あおむしくらぶ　郡山ブランド野菜協議会　http://aomusiclub.jpn.org/

これら野菜のブランド化に際しては、
・形の揃いや保存性よりも、本当においしい品種であることを重視して選ぶ。
・栽培方法を統一し、生産履歴を徹底して記録することで、ブレを解消する。
・栽培勉強会を頻繁に開催し、品質の維持に努める。

以上3点に重きをおいて進めているという。郡山の生産者が、郡山の気候風土に合わせて、郡山の人たちの好みに合った野菜をブランド化していく。それが実現できたのは、やはり生産者でありながら種屋の資格も持つ、鈴木さんの存在が大きい。

米一本から、野菜の品種力を武器に

鈴木さんは1962年生まれ。祖父の代から続く米農家の三代目だ。東京農業大学へ進み農業経済を専攻。大規模稲作について研究した卒業論文が、学長賞を受賞したほどの優秀なエリート後継者で、卒業後は米農家の道をまっしぐらに突き進むはずだった。

ところが、卒業して郡山へ帰ってくると、かつて「秋田県の大潟村に次ぐ稲作地帯」と呼ばれた郡山市西部には都市化の波が押し寄せ、農地の価格が高騰。同時に減反も行なわなければならず、大規模な稲作経営が困難になっていた。

周囲は宅地化が進み新興住宅地ができていく。いつしかそこに引っ越してきた女性たちに、鈴木さんが自家用に作っていた野菜を「譲ってほしい」と求められ、販売するようになる。

「もしかすると、これもビジネスとして成り立つのかもしれない」

それが直売の始まりだった。最初は料金箱を置いて1袋100円で売る無人販売。次に軽トラックに野菜を積んで住宅地を回る「引き売り」。お客さんから「かぼちゃも」「枝豆もほしい」と声がかかるたび、栽培する作目がどんどん増えていった。

さらに97年、鈴木さんは祖母の実家が経営していた「伊東種苗店」を引き継ぐことに。全国に農産物直売所が林立し、郡山周辺の農家でも直売ブームが起きていた。大産地が大面積で大量に栽培して、都市部へ送り込む野菜とは違う、品種の差別化が求められる。

「種の勉強をしたい。直売に適した品種を、郡山の農家向けに販売していきたい」

そんな思いから勉強を始め、シードアドバイザー(種苗管理士)の資格も取得した。野菜の生産農家が種も販売している――。いつしか品種力を生かした「直売所のヒットメーカー」と呼ばれるようになり、『売れる・おいしい・つくりやすい　野菜品種の選び方』(農文協)という本を上梓するまでに。そんな鈴木さんのもとには、種苗メーカーの営業マンや育種の担当者が頻繁に訪れ、最新品種の情報が集まるようになっていた。その延長で発売前の新品種の試作を依頼されたり、育種の担当者と情報交換をすることも少なくない。

「かつては形や大きさが揃って、売り場での棚持ちがよく、市場で扱いやすい品種がもてはやされていました。けれど消費者が求めているのはおいしさ、鮮度、そして安全性や機能性なのです。真のニーズにマッチした野菜はどれか。それを見つけるのが楽しい。品種力を武器にしていきたい」

そんな鈴木さんと仲間たちが、見い出し、互いに勉強を重ねながら、郡山ブランド野菜が生まれていった。

新しい町だから、新しい野菜で勝負！

郡山に限らず、ここ最近日本全国で「ご当地野菜」のブームが広まっている。そのひとつの流れが「伝統野菜」や「在来作物」だ。生産性が低いために埋もれてしまったけれど、誰かが種を継ぎ、畑の片隅でひっそりと残していた――そんな品種が脚光を浴び、ブランド化しようとするムーブメントである。山形県庄内地方で数々の在来作物を発掘し、世に送り出してきた奥田シェフは、その火付け役でもある。

福島県にもかつて炭鉱の町として栄えたいわき市には「昔野菜」、城下町の会津には「伝統野菜」という名目の野菜が残されていて、それぞれに伝承やブランド化の動きがある。しかし、中通りの郡山には、それがあまり見当たらないという。

「郡山は新しい町なので、新しいものを取り入れてチャレンジしようという気風があります。ご当地野菜がないのなら、みんなの好みに合ったものを、種苗メーカーの最新品種の中から作ってしまえ！1年に1品目を目標に、ブランド化に取り組んできました」

そんな試みを始めて8年目に東日本大震災、そして原発事故が起きた。順調に進んできた野菜のブランド化も、一時休止せざるをえなかった。

計っても、計ってもND。それでも拭えぬ不安

震災直後、鈴木さんが一番ダメージを受けたのは、春蒔きの種と苗の販売だった。郡山では専業農家でなくとも、自家菜園で野菜を栽培している人が多い。

「おじいちゃん、おばあちゃんたちが、都会に住む子どもや孫に送るのを楽しみにしていた野菜が作れなくなってしまった。せっかく作っても『いらない』と言われてしまうから……」

都心部には、故郷の両親や祖父母が送ってくれる野菜を頼りにしている人たちも多い。お年寄りが手塩にかけて育てた野菜を仲立ちに、つながっていた家族の絆。それが途絶えてしまう。原発事故の影響は、そんなところにも現われていた。

原発事故からすでに半年以上が過ぎていた。鈴木さんは、セシウム対策として、土壌改良資材のゼオライトを「ちょっと多めに」投入し、野菜の栽培を続けていた。郡山市の農業総合センターにはゲルマニウム半導体検出器が導入され、本格的なモニタリング検査も始まっており、鈴木さん自身も検査用に何度も野菜を提供したが、いつも結果はND（検出限界以下）。

「数値的に見れば、安全性に問題はないはず。けれどもその結果が、食べる人の安心感につながってはいない。それが福島県の抱える一番の問題です。我々は作り続けるしかない。はたしてうちの息子たちの世代の後継者たちが、農業を続けていけるのか。それが一番の課題です」

翌年には、米の全量全袋検査もスタート。震災から3年が経過するころには、山のキノコや山菜、

原発に近い場所で栽培された大豆などから、まれに検出されることはあるものの、12年4月に基準値がそれまでの500ベクレル(1kgあたり。以下同)から100ベクレルに改められて以降、福島県のモニタリング検査で基準値を超えた野菜は3検体のみ。13年の1月10日に小松菜から検出されたのが最後で、その後は「計っても、計っても、基準値以下」の状況が続いている(農林水産物モニタリング情報「ふくしま新発売。」より)。

レベル7という事故が起き、福島県のみならず、東北・北関東一円に降り注いだ放射性物質は今も土中に存在している。セシウム134の半減期の2年は過ぎたが、セシウム137が半減するには30年かかるという。それでも福島の米や野菜からはほとんど検出されていない。

そこには、もともと福島県の安達太良、阿武隈山系の間に属する中通りには、セシウムを吸着して放さない粘土質の土壌が多いという特性もある。セシウムは土の三要素であるカリウムと性質がよく似ているので、土壌のカリ分が足りなくなると、これに似たセシウムを作物が吸うことがあるが、ちゃんとバランスのよい土づくりが行なわれていれば、セシウムは吸わない。膨大なモニタリングの結果、「野菜は計っても、計ってもND」という結果がもたらされたのは、それだけ地元の生産者がしっかりバランスのよい土づくりをしてきた証でもあるのだ。

日本の土壌学の権威で「全国土の会」の代表である東京農業大学の後藤逸男教授は、塩害と原発事故、二重の被害に見舞われた福島県相馬市の水田で土づくりを指導し、50ヘクタールの水田を復活させているが、ここで栽培された米もセシウムは検出限界以下である。

「植物はセシウムをカリウムと同じように吸収します。だから、土の痩せたチェルノブイリ近郊では、放射性物質が肥料のような吸われ方をしました。だけど日本では、何十年、何百年も前から私たちの先祖が有機物を入れて土を耕してきた。土にお礼をしてきたのです。土中の腐植*がセシウムを吸着して封じ込めて、作物に影響が出ないように頑張ってくれている。自分ではない、自然の力と先祖の土づくりが、いい形で繋がったことに感謝しています」

と鈴木さんは話した。作物に放射性物質を移行させなかった土の「土力」と、生産者の「努力」に、賞讃の拍手が送られてもおかしくはないはずなのに、なかなかそうした空気は起こらず、食べる人たちの不信感も拭いきれていない。

料理人が産地と生産者を守る

13年1月19日。冒頭で紹介した日調を会場に、奥田シェフを特別講師に迎え、郡山の人たちに福島県産食材を使った料理を提供する「エッセンシャル・キッチン」という食事会が開かれた。

東北各地の生産者を訪ね歩き、そこから多くを学んできた奥田シェフもまた、福島の現状を知るにつけ「なんとかしたい。力になりたい」と考えていた。しかし、料理人にはお客さんに安心して食べてもらえる食材と料理を提供する責任がある。自分が「使いたい」と望んでも、お客が「NO」と言えば、それはできない。震災以降、多くの料理人がその板挟みに苛まれている。

奥田シェフ自身、沿岸部の被災地で炊き出しやチャリティーを続けながら、放射性物質との付き合

＊微生物によって動植物などの分解と再合成で作られた、土壌固有の高分子化合物。

い方を学んでいた。そんな中で、光産業創成大学院大学（静岡県浜松市）の瀧口義浩教授と知り合う。放射線を長年研究してきた専門家でもある瀧口教授は、携帯するだけで空間線量がわかる「Radiation Tracker」という測定器を開発。小さな弁当箱ほどの大きさで、立ちどころにその場の放射線量がわかるというものだ。

奥田シェフは、瀧口教授を介して、放射線測定器をアル・ケッチァーノに導入し、「食材を徹底的に検査して、安全が確認できれば使う」という考えを貫いていた。

「料理人には、消費者と産地を守る責任がある」

料理を支える生産者の元気を取り戻すことが、東北全体の復興につながる。そうしなければ、東北だけでなく、日本全体の農業が失速してしまう——そんな危機感も感じていた奥田シェフ。

「福島は、東北で一番豊かな場所。なんとかしたい」

そんな強い思いがあった。

エッセンシャル・キッチン当日、学校の職員と学生、合わせて27人が、68人のお客のために、奥田シェフの料理をサポート。宴は終始穏やかに、そして和やかに進んでいった。この日は瀧口教授も招かれ、郡山市民に放射性物質の計測や付き合い方について学ぶ講座も開かれていた。

冬の寒さの中、ギュッと甘みを抱きしめるように結球した冬寒菜を使った「鈴木農場の冬寒菜とトラフグのリゾット」と、甘みをたたえる白ネギを一本丸ごと姿煮にしてヴィネガーとノワゼットオイルでマリネした「鈴木農場のねぎのマリネ シェリーヴィネガーとクミンで」に、鈴木さんの野菜も使われた。

郡山の気候や土壌、地元の人たちの好みを知り尽くした鈴木さんが育てる新しい野菜には、庄内の在来野菜とはまた別の力と存在感がある。震災で大きく傷ついた福島県の農業が復活していく中で、ひとつの「切り札」になるに違いない。

そして生産者を活かすには、農産物の魅力を最大限に引き出す料理人の存在が必要だと考える奥田シェフは、震災以降、直営店や自らプロデュースする店に、日調の卒業生をどんどん雇い入れていた。この時点で、鶴岡や東京の店で17人が修業中。彼らの目指すところは、奥田シェフからがっちり地産地消の哲学を学び、故郷に福島の食を元気にするレストランを創ること。福島の農産物を確実に理解して、ちゃんと料理することで、食べる人たちを幸せにする——。そんな「奥田イズム」を徹底的に学び、福島の食を応援しようと日々奮闘する姿を見て、

「みんなの頑張り次第で3年、いや2年後には実現するかもしれません」

と言っていたが、若者たちと奥田シェフの怒濤の頑張りで、「その日」は意外に早くやってきた。

ブランド野菜と奥田シェフの共演

13年12月8日。鈴木さんと奥田シェフと私は、郡山駅前の商店街にいた。そこは「あおむしくらぶ」のメンバーが市民にブランド野菜とその食べ方を紹介する目的で、年2回開いている「郡山・あぐり市」の会場だった。

売り場を目にして驚くのは、根菜と葉ものだらけの冬場なのに、並んだ野菜がじつにカラフルなこと。ニンジンだけでも紅色、赤、橙、黄、紫……5色もある。大根もカブもカリフラワーも、こんなにいろんな色があったのか、と目を見張る品揃え。このチームの「品種力」のなせる技だ。

ズラリと居並ぶ野菜たちを前に「うーん」と何やら考え込んでいる奥田シェフの横で、コンテナを抱えてスタンバイしているのは、鈴木さんの長男の智哉さん(94年生まれ)。この年、父と同じ東京農業大学に進んでいる。

「使いたい野菜、どれでもこの中に入れてください」

すると奥田シェフは、5色のニンジン、カリフラワーのロマネスコ、サラダゴボウ、ホウレン草の「緑の王子」、そして大きな「めんげ芋(さつまいも)」の焼き芋をセレクト。すると、現場で販売を担当していた女性に、

「シェフ、せったかくだからこれも使ってください」

と、ひょいと何かを手渡された。それは地元の農家が作った「あぐり味噌」だった。

「味噌かあ……」

と首を傾げるシェフ。「日本の素材は使うが、日本の調味料は使わない」というポリシーを貫いてきたシェフには、難題かもしれない。

とにかく、そのまま駅前の「郡山ビューホテルアネックス」の厨房とスタッフを借りて、郡山の野菜と奥田シェフのコラボレーションが始まった。

ギザギザの花蕾をもつ淡いグリーンのカリフラワー「ロマネスコ」。これを縦にスライスすると小さな木の形になる。これをホタテと合わせた「ロマネスコのクリスマス」がまず完成。

次はホウレン草の「緑の王子」。軸を切り落とした葉っぱを、そのままフライパンで熱したオリーブオイルに〝わさっ〟と押しつける。ホウレン草がチリチリと音を立てている。

「半分火が入って、半分生の状態になります」

それを皿に盛り、表面を加熱して〝たたき〟にした会津産の馬刺し、ホウレン草の香りのついたオイルで炒めたなめこ、酢漬けのエシャロットのみじん切りを散らしてでき上がり。名づけて「緑の王子様　赤いお姫様」。

「僕が庄内で使っている赤根ホウレン草は在来種。筋が強くて『生きてるぞー！』って感じがする。一方、郡山の緑の王子は、みずみずしくてきれいな味。そこへ馬刺しのお姫様を呼んで、美男美女を取り合わせてみました。どっちも鉄分があるから、相性はいいはず」

と話す奥田シェフの周りには「あおむしくらぶ」のメンバー。それぞれ興味津々な様子で見守る。ホテルのキッチンのスタッフは下ごしらえをサポート。奥田シェフの料理は、完成形の予想がつかないことが多いのだが、同ホテルの松岡正料理長を筆頭に、スタッフたちは指示に合わせてテキパキ仕事を進めている。プロのスタッフがいると、あっという間に料理ができ上がっていく。

奥田シェフの後ろで何かをひたすらひゅんひゅんと削っているスタッフがいる。よく見ると赤い御前人参とさらに赤い紅御前、黄色い金美（きんび）とイエロースティック、そして紫色のパープルスティック。

5色のニンジンを薄くスライスしているのだ。まるでカラフルなリボンのよう。

「これに塩とオリーブオイルを混ぜれば、そのままパスタになります」

　同時進行で、奥田シェフが何かをレードルですくっている。

「味噌を水で溶いて、その上澄みだけを使います」

　細かくきざんでバターソテーにしたニンジンに、生クリームとトマトの絞り汁を少量加えて温め、そこに先ほど手渡された、味噌の上澄みを加えている。そのココロは？

「味噌もチーズも発酵食品。その粒を口に入れると『あっ、味噌だ』と認識する。味噌そのものではなく、その上澄みを使うと味噌の味ではなく、香りだけが移る。そこにトマトの酸味を少しだけ加えると、チーズのような風味が出せるんです」

そう話す奥田シェフに、

「なるほど、これはバーニャカウダソースとしても応用できそうですね」

と、松岡料理長。こうして郡山生まれのあぐり味噌は、「5色のニンジンパスタ」のソースの中で、その存在感を発揮したのだった。

　他にも生のまま食べられるサラダゴボウにオリーブオイルを合わせた「サラダゴボウのオリーブオイル吸わせ」、めんげ芋の焼き芋と激辛トウガラシ「ハバネロ」を合体させた「会津磐梯山」という料理も登場。辛さと甘さのまさかの組み合わせに、一同は驚きを隠せなかった。

　ここで登場した紅御前とめんげ芋は、新たに登場した「郡山ブランド野菜」。震災の年にストップしたブランド化を、鈴木さんらは翌年から再開した。ここに「おんでんかぼちゃ」とタマネギの「万吉どん」を加えて、新たに4種のブランド野菜が誕生している。

「よそと同じものを作っていては、ダメ。郡山の生産者が郡山でしか作れない、おいしくて、身体にいい野菜を。震災前から我々が目指していたことは、間違っていなかった。震災を経験して、改めてそれを確信しました」

と鈴木さん。傍らにいる智哉さんにも聞いてみた。

「卒業したら、農業するの？」

「はい。野菜をやります」

とにっこり。シェフから若手へ、父から息子へ。学んだことや築いたものを受け継いで、つなぐ若者たちがいるから、料理人も生産者も頑張れるのだ。

食の未来を創る、レストラン

13年3月10日。郡山市の中心部、開成山公園近くにある老舗菓子店「開成柏屋」の駐車場スペースに、福島の食を応援するレストラン、「Fuku-ché-cciano（福ケッチァーノ）」*がオープンした。アメリカ製のトレーラーハウスを2台使って、フランス料理ベースの洋食を提供。シェフとして腕をふるうのは、日調出身の中田智之さん（83年生まれ）、店長を務めるのは、日調を卒業した後、奥田シェフのもとで料理はもちろん、畑など生産現場も学んできた横田真澄さん（91年生まれ）だ。彼らが目指す

＊福島県郡山市朝日1-14-1　電話024-983-3129　http://fukuchecciano.jp/

のは、

「福島のものは安全で安心だと、誰もが認める日が来るまで、福島の生産者の方々が農業をやめない体制を作ること」

このレストランでは、先輩たちの指導のもと、日調の学生たちもスタッフとして働く。オープニングセレモニーの会場には、鈴木さんの姿もあった。

「我々の仲間たちは、10年ほど前からなんとか郡山の農業をさかんにしたいと、毎年一品ずつ『ブランド野菜』を作ってきました。メンバー一同、このプロジェクトを歓迎しています。震災以来、福島の農業はとても大変な状況が続いています。日調さんの助けもいただきながら、前向きに。とにかく次の世代に農業をつないでいくために、一緒に頑張っていきたいと思います」

と挨拶した。震災から3年が経過して、郡山の生産者にとって放射性物質の検査は「営農の一部」となっている。安全性を確認するのは当たり前。さらにこれからは、食べる人の健康に貢献できる、栄養価や機能性の高い野菜作りを目ざしていく。その検査や数値化に関しては、日調が協力していくと宣言した。奥田シェフも、

「日本全国、いろんな農産物とその生産者に会っていますが、鈴木さんの野菜はとてもすばらしい。その魅力は、抜群の保水力。細胞の各部屋がものすごくいい状態で水を含んでいるので、キメが細かくて、噛めば水が弾ける。誰もが今まで食べたことのない野菜。お客さまに驚きを与えながら、忘れられない料理をお出しして、何回も来ていただきたいと思います」

震災から3年目を迎えようとしていたこの日、福島の食の未来を作るレストラン＝福ケッチァーノは、こうしてオープンした。

生産者が一同に会する「開成マルシェ」

その年の11月、私は久々に福ケッチァーノを訪れた。予約の電話を入れた時、店長の横田さんに、

「何か食べられないものはございますか？」と聞かれ、

「食べられないものはないけど、食べたいものがあります」

「何でしょう？」

「里芋が食べたいんです」

と伝えたら、里芋が泡立つスープになって目の前に現れた。

「里芋といえば煮ものやローストだと思っていたけれど、こんな食べ方もあったんですね」

料理長の中田さんに驚きを伝えると、

「今朝、光一さんが掘ってきてくれたんですよ」

福ケッチァーノで食べた、里芋のカプチーノ仕立てのスープ。里芋は鈴木さんがこの日の朝に掘ったもの。油で揚げた豚足も添えて。

と言われ、びっくり。また、メインの豚肉に添えられていたのは、鈴木さんが栽培したカラフルなダイコンたち。

「紅芯大根、ビタミン大根、そして黒皮大根。光一さんの作る野菜は種類が多いので、もう憶えるのが大変です」

と中田シェフ。デザートには加藤修一さん(78ページ)のリンゴも登場。直接会えなくても、福島の生産者たちが、震災を乗り越え栽培を続け、今年も立派に実りを獲得している姿が、お皿の上の料理から伝わってくる。福ケッチァーノは、そんなレストランになっていた。

また、毎月第4土曜日には、福ケッチァーノのある「開成柏屋」の中庭で、「開成マルシェ」が開催されるようになった。ケヤキの木立に囲まれた小さな空間に、福島県内の生産者や日調の卒業生が集まり、農産物や加工品、その場で食べられる軽食を提供するマルシェを開いている。

そこには、鈴木さんを中心とした「あおむしくらぶ」の面々をはじめ、郡山郊外でスプラウトや夏イチゴを栽培し、放牧豚も育てている「ふるや農園」の川瀬悠さん、「農園に行かなければ買えない完熟イチゴ」で知られる須賀川市の小沢充博さん。通常の3倍のサイズのジャンボなめこを栽培する鈴木農園の若き経営者鈴木清美さん、震災の影響で養鶏を断念した後、自然農法で栽培した野菜や貴重な国産のゴマを栽培し、なたね油も製造しているけるぷ農場の佐藤喜一さんたちが集う。二本松市東和でなめこを栽培している武藤洋平さんは、東和町の有機野菜や関元弘さん(226ページ)の「ななくさビーヤ」を販売していた。

老舗菓子店「柏屋」開成店の中庭で毎月開催しているマルシェ。福島各地の生産者が魅力的な素材を持ち寄り、販売する。

小さなマルシェに、若く、高い栽培技術と志を持ち、福島の農業の未来を背負って立つ人たちが、勢揃いしている。もしあの日、震災と原発事故が起きなければ、これだけの生産者がこうして集うことはなかったかもしれない。

「今日はこれから、東京から食事に来られたお客さんに、郡山の農業や野菜についてレクチャーするんですよ」と、鈴木さんが、嬉しそうに話していた。

福ケッチァーノを中心に、日調を仲立ちとして、生産者と料理人、そしてそれを味わう人たちの新たなつながりが生まれている。

「福島のものは安全で安心だと、誰もが認める日が来るまで、作り続けていこう！」

その場に奥田シェフがいなくても、その思いはみんな一緒だ。

＊鈴木農場　福島県郡山市大槻町字比寺18　http://suzukiitou.main.jp

不屈の海

工藤忠清（宮城・南三陸町）

くどう・ただきよ
1964年生まれ。父の時代から牡蠣、ワカメ、ホヤの養殖を始める。93年に有限会社大清を設立し、自分たちで養殖した牡蠣の卸売業を開始。翌年には個人宅への配送も始める。2002年にはネットショップ「OYSRER PRODUCEしづがわ牡蠣工房」をスタート。東日本大震災で船や養殖・加工施設をすべて失うが、同年11月には仲間12人と「南三陸漁業生産組合」を結成。専務理事を務めている。

宮城県南三陸町。三陸海岸の南に位置する志津川湾は、ワカメ、牡蠣、ホヤ、ホタテなどの養殖がさかんで、タコの水揚げが多いことでも知られている。リアス式海岸特有の地形のために津波の被害を受けやすく、明治の三陸大津波（1896年）、昭和三陸大津波（1933年）、チリ地震（1960年）と大きな被害を受けてきた。そして2011年3月11日。志津川港周辺は壊滅的な状態に陥った。

その2カ月後、奥田政行シェフはそこで牡蠣を育てている工藤忠清さんのもとにいた。

大丈夫。牡蠣は生きている、食べられる

工藤さんは、震災が起こる約20年前に会社を立ち上げ、牡蠣養殖と卸売業をスタート。自ら加工場を作り、市場や牡蠣の専門業者、レストランはもちろん、インターネットを通じて個人にも直接販売。牡蠣の流通革命を起こしていた。

ところが、津波によって牡蠣の養殖いかだ、漁船4艘、加工場、自宅——家族は全員無事だったものの、財産のすべてを失った。失意の内にありながらも、「志津川の生活と産業を、同時に立て直していかなければダメだ。そのためには何が必要か?」と考えを巡らせていた工藤さん。当時は陸の上も海の中も、ガレキだらけ。何から手をつけていいのか……そんな時に奥田シェフはやってきた。

5月半ば。月末に東京で開かれる、食の復興イベント「ソウルオブ東北」で使用する食材を探していた奥田シェフは、現場に着くなり、

「海へ出たい。海の中の食材たちが、どうなっているか知りたい」

と言った。工藤さんたちは、震災後一度も海に出ていなかったが、無事に残っていた船にシェフを乗せ、海に出た。その時のことを工藤さんが話してくれた。

「海に沈んだガレキの下に、仲間の潜水士が潜っていくと『あったあった!』と。ワカメも牡蠣もホタテもみんな団子のように固まっていて、引き上げるとみんなで『生きてる、生きてる!』って」

船上でさっそく牡蠣の殻をむき、身を海水でジャジャジャッと洗った。それを真っ先に口へ運んだのは奥田シェフだ。

「んまい! これ、分けてもらえませんか? 800個」

「えっ? えぇーっ! うそっ」

思わずそんな声が上がった。生牡蠣は、たとえどんなに新鮮でも、水揚げしてすぐには出荷できない。むき身も殻付きの牡蠣も22時間以上浄化する決まりになっている。あの津波を乗り超えて、牡蠣はたしかに生きていた。けれど、海辺にあった浄化施設はことごとく被災している。食用として出荷するには、加工場がなければ無理なのだ。だから工藤さんたちは、牡蠣を捕って出荷し、誰かに食べてもらおうだなんて、思ってもいなかった。

「わかりました。食品検査に出して、問題なければ出します」

地元では、あまりの被害の大きさに「もう、海を見るのもイヤだ」という人も多く、漁師でも「油まみれになっているのでは」「食べられるわけがない」と、ガレキの下に残っていた牡蠣に見向きもしない人が多かった。それでも検査に出してみると……

「滅菌海水で浄化したのと同じくらい、衛生的だったんです。あれにはびっくりした。今考えると、震災で町のライフラインも断たれていたため、志津川湾には生活排水が入り込んでいなかった。だから、海が清浄になっていたんだと思います」

大丈夫。牡蠣は生きている。食べられる。その事実を知ったことで弾みがついた。工藤さんたちは種牡蠣を集め、どんどん海に投じ始めた。

「石巻の万石浦（まんごくうら）に、預けておいた種がある。さらに知り合いが２０００連の種牡蠣を譲ってくれると言う。周りには『まだ早い』って声もあったけど、種があんのになんで作らねぇの？　今仕込まなかったら、牡蠣屋じゃねえだろ！」

震災から2カ月。「3年で復活させます！」

「牡蠣は出荷できます」

工藤さんは、すぐさまシェフに伝えた。

こうして津波に巻き込まれながらも生き残った「不屈の牡蠣」は、5月31日に行なわれた「ソウルオブ東北」のチャリティーシンポジウムの席で、奥田シェフの手によりテーブルを飾った。

当日は「菊乃井」の村田吉弘さん、「KIHACHI」の熊谷喜八さん、「京都吉兆」の徳岡邦夫さんをはじめ、東北からは岩手県奥州市の「ロレオール」の伊藤勝康さんなど、全国から40名の料理人が集結。「東北ビュッフェ」と称して東北の素材を使った料理にそれぞれ腕をふるった。チャリティーの目標は、被災地の食材を使った料理を提供し、地元の人たちを元気づけるためのキッチンカーを走らせること。参加者はテーブル席5万円、立食席2万円でチケットを購入。この日、1台分の金額3000万円を、見事に達成した。

「正直いったい何のイベントか、我々にはよくわからなかったんです。でも、そんなに有名なシェフが大勢来るのなら、お邪魔して食べてみたい」

そんな工藤さんの申し出に、奥田シェフは「ぜひ、いらっしゃい！」と応えた。

工藤さんと一緒に働く長男の広樹さん、志津川の若手漁師が合わせて5人。新調したスーツに身を包み、会場のホテルへやってきた。なんとか調達し、自らむき身にした800個の牡蠣を携えて。

奥田シェフが作った牡蠣の皿を食べた工藤さんは、牡蠣のおいしさを再認識していた。

「生をそのまま食べるのが一番旨いと思っていたから、オリーブオイルを合わせようなんて、考えもしなかったです。でも、シェフがほんのちょっと手を加えただけで、がぜん旨くなる。もともと素材に自信はあるけれど、それをさらに旨くするのが、料理の魔法なんだ」

そんなことを考えていると、司会の女性の声が聞こえてきた。

「南三陸町から、この牡蠣を生産した方がいらっしゃっています！」

壇上でマイクを渡された工藤さんは、気がついたらこう宣言していた。

「年内に1割、来年は50％、再来年は100％、牡蠣を復活させます！」

満場の拍手が巻き起こる。震災から3カ月も経っていないのに、3年で元通りにするという。

お魚模様の番屋へ集結！

奥田シェフに遅れること3カ月、11年の8月半ばに私は初めて志津川を訪ねた。

私が工藤さんを知ったのは別ルートからで、旧知の木更津の漁師・金萬智男さんとその仲間たちが被災地へ中古船を送る活動をしていて、工藤さんたちにも船を届けることで絆が生まれていた。ガレキだらけの漁港で奮闘している漁師さんがいる。その様子をフェイスブックで見るうちに、私は「この人たちに会いたい」と思うようになった。

金萬さんに「工藤ちゃんたちが、東京に来てるよ！」と誘われ、銀座まで会いに行ったのは7月のこと。その飲み会の席で「奥田っていうシェフが、志津川にやってきてさ」と話す工藤さんに、「工藤さん、今度は私も志津川に行きたい！」と言うと、「いいよ。志津川駅は不通だけど、柳津（やないづ）駅まで迎えにいくから」と快諾してくれた。

その言葉に甘えて迎えに来てもらい、志津川湾にたどり着くと、まず目に入ってきたのはお魚模様の建物。何もない港に、カラフルな建物がポツンと建っている。まるで水族館のようだ。

震災直後、志津川にやってきた宮城大学の竹内泰准教授に「家も作業小屋も流されて、みんなが集まる場所がない。漁師の作業小屋の番屋がほしい」と話すと、各地から集まった学生やボランティアが5月に番屋を建ててくれた。7月には「みんなの気持ちが明るくなるよう、絵を描いてほしい」と東北生活文化大学生活美術学科の学生にお願いして、このカラフルな魚たちを描いてもらった。周りに建物がないぶん、遠くからでもよく目立つこの番屋にちなみ、工藤さんたちは「志津川の番屋チーム」と呼ばれるようになる。メンバーは15人。みな30~40代の働き盛りで、工藤さんのように息子もまた漁師という人も。15人中、漁協の青年部長の経験者が7人という、まさに精鋭チームだ。

私が訪ねた日は、朝からみんなで釣りに出ていたという。

「何が釣れたんですか？」

それは丸々太ったギンザケだった。一般に「サケ」と呼ばれるシロザケは、稚魚を放流して戻ってくるまでに4~5年かかるが、ギンザケは稚魚をいけすで育てれば、半年で3~4kgの出荷サイズになる。そもそも志津川は、1975年、全国に先駆けて洋上に浮かべたいけすで育てる技術が導入された「日本のギンザケ養殖発祥の地」。以来さかんに養殖が行なわれていたが、その後チリから安価なギンザケが輸入されるようになり、撤退した人も多い。それでも継続していた人たちのいけすが、今回の津波で流され、ギンザケはそこから脱走していたのだ。

番屋チームの渡邊剛さんも、いけすごとギンザケを流された漁師の一人。

「ギンザケは、津波に揉まれて全部ダメになったと思っていました。ところが近くの川へ上ったんですよ。やっぱり習性なのかな。傷ついて力尽きたギンザケを見て、ああ、もったいねえなあと」

なかには生き延びたギンザケもいて、三陸沿岸を北上し、岩手県の定置網にかかったとニュースになっていた。この日、番屋チームが釣ったのは、湾の外に逃げずに志津川の海をウロウロしていたギンザケだった。渡邊さんは力強くこう言った。

「新しいいけすを発注しました。こんな時は値段が上がるんですよ。ひとつ50～60万円かな？　地元の鉄工所じゃ間に合わないから、ハマチの養殖がさかんな北陸から来るらしい。11月にはまた稚魚を入れて養殖を再開します」

こっから海をリセットだ！

かつての志津川湾は養殖いかだがいっぱいで過密状態になっていたが、この時は本当に静かで、鏡のようにキラキラ光っていた。彼方にポツポツポツポツと、黒い浮き球が浮かんでいる。

「あれが震災後、最初に種牡蠣を仕込んだところだ」

と工藤さん。牡蠣の養殖は、漁業の中でも農業に似ている。種を仕込んで、土の代わりに海がそれを育てるのだ。宮城の種牡蠣は有名で、日本国内はもちろん、フランスなど海外にも輸出されている。同じ牡蠣漁師でも、種牡蠣を育てる人と出荷用の牡蠣を育てる漁師は別。宮城県では、石巻の万石浦や東松島など、地形が湖のようになっていて、波がとても穏やかな場所で種牡蠣が作られている。ことに万石浦は津波を避ける地形だったため、からくも種牡蠣が残っていたのだ。牡蠣は海中の植物プランクトンを捕食して育つ。

「津波で海が撹拌されて、きれいになった。ほかのいかだがないぶん、競争相手が減ったから、今海にいる牡蠣は食べ放題。猛スピードで育っている」

番屋チームの中には、家を流されたり、親族を亡くした人もいる。それでもみんな強気で、前しか向いていない。海を見ながら工藤さんは言った。

「オレたちはまだ若いから、今から東京に出て仕事を探せばメシは食えるだろう。だけど、せっかく親からもらった漁業権がある。『海は宝だ！』とずっと思ってる。ここに集まったのは、三陸で一番先に養殖を再開しなきゃイヤだと思っているヤツばかり。オレたちの自由にやらせろ！　ちゃんと儲けてみせるから。こっから、海をリセットだ！」

怒濤の勢いで、志津川の海と漁師たちの巻き返しが、始まっていた。

志津川湾はベビーラッシュ！

その3カ月後の11月、私はまた志津川漁港にいた。

早朝の志津川湾は、ムチャクチャ寒い。海から水蒸気が立ち昇る「けあらし」が起きていた。番屋チームのメンバーは、夜中の1時から「ホタテの耳吊り」をしていたという。

ホタテの稚貝の産地である北海道西岸から稚貝が夜中に届くため、夜通し作業をしていたのだ。貝殻の端っこに穴を空け、ピンクの小さなピンを通し、ロープに結んで海に沈めていく。夜中は漁師とその家族で、昼間は全国からやってきたボランティアの手も借りて、耳吊りの作業はどんどん進められていった。新しい加工場はまだ建設中のため、寒くても作業は仮設のテントの下で。そんな環境のなか、深夜から、ホタテは「稚貝の耳を、吊って、吊って、吊って」、同時に作業していたワカメは種苗をロープに「挟んで、挟んで、挟んで」の連続。

届いたばかりのホタテの稚貝。番屋のメンバーとボランティアでせっせと殻に穴をあけ、ロープに吊っていく「耳吊り」の作業。

ホタテもワカメも、ロープに結びつけた種を海へ投じるには、それを結ぶ養殖いかだが必要で、これを固定するには、1袋50kgの砂袋を海底に沈めなければならない。「砂袋を海に投げ入れる時は、体ごと持っていかれそうになることもある」と若い漁師さんが話していたが、海での作業は命がけの仕事でもある。志津川で行なわれていたすべての養殖の基盤を、ゼロから作り直しているわけで、工藤さんは、「ワンシーズンで5年分くらい働いた」と言っていた。

気がつけば、すっかり日が高くなった10時過ぎ。港に大型トラックが着いた。

「今、ギンザケの赤ちゃんが来たよ。見る?」と工藤さん。

2艘の船の間にシートを渡して作った小さなプールに、トラックの横から突き出た太いパイプを通って、体長20㎝ほどの魚がぴゅんぴゅん淡水で育ったギンザケの稚魚だ。岩手県の山間部にある孵化場で、淡水で育ったギンザケの稚魚だ。

「こっちに乗りな。そこにいれば危なくないから」と一方の船の舳先に乗せてもらった。もう船が動き出していく。2艘合せて10人以上。白髪のベテランから茶髪の若者まで、いろんな世代の漁師さんが乗り込んでいた。

志津川でギンザケ養殖が始まった頃、淡水で育った稚魚が海水になじむには、浸透圧の関係で時間がかかると考えられていた。馴致と言って、昔は2週間ぐらいかけて少しずつ海水に馴らしてから移していたそうだ。ところが、

「ある時、期間を10日に短縮してみたら大丈夫。次は7日、次は3日……思い切って稚魚が来た当日に移してみたら、実は大丈夫だったんだよ、これが」

と、ベテランの漁師さんが教えてくれた。今回届いた稚魚たちも、着いてすぐに海のいけすに移すことに。2艘の船で運ぶ間に、プールに少しずつ海水を入れて、なじませていく。

洋上に浮かぶ真新しいいけすに到着。漁師さんたちは、極寒の中、船といけすの間をぴょんぴょん飛び移り、太いロープをほどいたり縛ったりしながら、ビチビチと飛び跳ねる稚魚を移していく。ギンザケの稚魚の移し込みは、あっという間に完了した。

すべてを流された海に、ギンザケの稚魚、ホタテの稚貝、ワカメの種苗を投入。志津川の海は未曾有のベビーラッシュを迎えていた。ライバルが少ないぶん、ワカメは3カ月で3ｍに達し、ギンザケとホタテは半年、牡蠣は1年で出荷可能なサイズになるという。しかも海に肥料はいらない。やっぱ

り海ってすごい。「海は宝だ！」と話していた工藤さんの言葉は、本当に、本当だった。

早朝の牡蠣むき修業

13年5月25日、工藤さんと奥田シェフは、久々に再会することになった。

南三陸町に、チリ共和国のイースター島からモアイ像が贈られることになり、チリの人達を交えた記念式典で料理をするためにシェフがやって来るのだ。聞けばその日、工藤さんたちは、朝の4時から式典のために牡蠣をむいているという。奥田シェフは「アル・ケッチァーノ」の営業を終えてから、夜0時過ぎに鶴岡を出発。車を飛ばして志津川へ向かっている。私は漁港近くの民宿に泊まり、ほの暗い海岸沿いの道を、長靴を履いててくてく歩いていった。すると、目の前に2年前にはなかった建物があった。

「うわぁ、カッコいい！」

看板には「南三陸漁業生産組合 かき加工処理施設」とある。工藤さんは、あの〈番屋チーム〉の12人と生産組合を結成し、11年の年末には、早くもこの加工場を建て始めていたのだ。

もともと漁師は個人自営業者で、〝一匹狼〟的に仕事をしている人がほとんど。牡蠣漁師の場合も、養殖はそれぞれで行ない、殻むきだけは共同の牡蠣小屋で。それを漁協に出荷するのが一般的だった。ところが番屋チームは、牡蠣、ワカメ、ホタテ、ホヤなどさまざまな海面養殖の漁師が集まって生産組合を結成。民間支援や国や県の補助事業を積極的に活用しながら、自前の加工場も建てた。タイムカードを作って労務管理を行ない、組織的な漁業するのは、宮城県でも初めてのケースだ。

加工場の中ではみなさんが、黙々と牡蠣の殻をむいている。奥田シェフはまだ到着していないけれど、黙って見ているのは何だか申し訳ない。

「お手伝い、してもいいですか?」

軽い気持ちで手伝おうとしたのが間違いだった。

「はい、まず殻の端にナイフをまっすぐ突き立てて、そっから斜めに倒して殻と殻の間に入れて貝柱を切る!」

「こうですか? あれ?」。ぶちっ! 牡蠣の身を傷つけてしまった。片側の殻を外し、身の下側にナイフを入れて貝柱を切る。これが案外難しい。

「はい、失敗。売りものにならないから1個500円ね。そこの海水で洗って、責任持って食べてつるん。ごっくん。「んまい!」。こんな罰ならどこまでも受けたいが、罰金がどんどん増えてゆく。

海から引き揚げた牡蠣の殻には、海藻、ホヤ、真っ黒なムール貝(ムラサキイガイ)がびっしり。それらを手で引きはがしては、殻をむいていく。

「牡蠣よりも、その周りにつくヤツらが大きくなっている。ムール貝なんか、ものすごく成長が早いんだ」と工藤さん。通常は、ムール貝が牡蠣にくっつきエサを奪うのを防ぐため、夏の間に「温湯処理(おんとう)」を行なう。これは船の上でお湯を沸かし、牡蠣を吊るしているロープごと30秒ほど浸けるというもの。牡蠣をお風呂に入れるような形になる。

「そんなことをしたら、ゆで牡蠣になってしまうのでは？」

「いいや、牡蠣は殻をピターッと閉じて死なずに頑張る。だけど、ムール貝はすき間からお湯が入って死滅するんだ」

本来はムール貝がまだ豆粒よりも小さい夏の間に処理してしまうのだが、震災後、船や機材が不足して充分に温湯処理ができなかったため、牡蠣に付着したまま大きくなったのだ。

「ええい。この際、ムール貝も売ってしまえ！」

例年なら邪魔者だった三陸のムール貝。後述するが、これもまた奥田シェフが使うことになった。

さて、牡蠣むきは続く。

「危ない！　そんな持ち方したらケガすっぞ！」

失敗の連続でなかなかＯＫが出ない。失敗、つるん。また失敗、ごっくん。またまた失敗……計７個の牡蠣を食べて、罰金が３５００円になった頃、夜通し運転してきた奥田シェフがたどり着いた。

「罰金の請求書は、シェフに回してもらいますからね！」

「なんでぇ……」

疲れた様子のシェフは、苦笑い。工藤さんに加工場の施設を案内してもらおう。

浄化施設もスタンバイ。ようやくスタートライン

建物の外には立派な水槽があり、中に牡蠣が沈んでいる。

「これは昨日海から揚げた牡蠣です。水槽の中の紫外線で滅菌したきれいな海水で浄化して、それから殻をむく。ここにいる牡蠣はみな、雑菌のない海水で人工透析を受けているみたいなもんです」と工藤さん。震災が起きた年の5月、最初に海に投じた種牡蠣は、〝3年もの〟になっていた。じっくり大きくなって、私がむいていたものよりずっと立派。身がパンパカリンに詰まっている。

「さっきのは1個500円だけど、これを失敗したら、1500円の罰金だな(笑)」

牡蠣の浄化施設はとても高額で数千万円から1億円はする。牡蠣の産地の多い三陸では、その費用がネックになり、復興のスピードを遅らせていた。工藤さんたちはまず、12年の夏に簡易的な浄化槽を導入して出荷を再開。加工場の竣工自体は、被災3県の漁師の中で最も早かったが、牡蠣の浄化施設が完備されたのは、13年3月のことだ。

「3年で復活させます!」の宣言より早く、ほぼ2年で元通り。「これでやっと、スタートラインに立てた」と工藤さん。

仮に津波が来なかったとしても、高齢化が進む東北の水産業は衰退していただろう。だから漁業を元通りにするのではなく、震災をきっかけに進化させなければ……工藤さんの歩みには、そんな気概を感じる。

「できれば1年中、夏も休まず牡蠣を出荷したい。それには憲法よりも、宮城県の生牡蠣の取り扱いを、先に変えてほしいんだけどなぁ」

宮城県の「かきの処理に関する指導方針」では、牡蠣むき期間を「生食用については9月29日から翌年3月31日、それ以外は9月20日から翌年5月31日まで」としているが、これは60年以上前に定められたもの。技術も設備も進化した今なら、まだまだできることがある。さらに先へ、先へ。突き進んでいる。

「モン・サン・リック」プロジェクト

「あの震災直後の大混乱の中、工藤さんは、ソウルオブ東北のイベントに駆けつけてくれた。この出会いを、ずっと大切にしていきたい」

奥田シェフにとっても、工藤さんとの出会いは大きかった。だから12年3月、復興に奔走する工藤さんを、スペインで開催された「マドリード国際グルメ博」に連れて行った。現地のオイスターバーを見せたかったのだ。そこで「志津川にもいつか作ろう」と誓い合った2人。

「被災して、こんな立派な施設を持っているところを見たことがない」と感心した様子の奥田シェフは、牡蠣にくっついたムール貝に気づくなり、

「志津川にも、ムール貝があるんだ。こりゃ、フランスのモン・サン・ミッシェル？　じゃなくて、モン・サン・リック（三陸）だ！」

シェフ特有のジョークが飛び出した途端、工藤さんや牡蠣をむいていた漁師たちが笑った。その笑顔を見たシェフは、こう宣言した。

「私とみなさんで、モン・サン・リックブランドを立ち上げましょう！」

「なんじゃそりゃ？　ハハハハ……」

とみんなは笑ったが、奥田シェフは、サンマリノ共和国の食の平和大使でもある。イタリア半島中東部に位置する、世界で5番目に小さな国。後日、サンマリノのワインを扱う業者の人にシェフが、

「南三陸の志津川の牡蠣にくっついたムール貝があるんですよ」と話すと、

「ちょうど、ムール貝にぴったりのスプマンテがあるんです」

「おお、それをモン・サン・リックと名付けて、志津川の漁師さんたちを応援しましょう」

本当に「モン・サン・リック」という名のサンマリノ生まれのスプマンテが誕生した。

「志津川の牡蠣にぴったりの味。一緒に広めていこう！」

震災がきっかけで生まれた出会いが、ここに結実。漁師と料理人が手を組んで、三陸の海と人を元気にする「モン・サン・リック・プロジェクト」が始まった。

1年中牡蠣を出したい

14年5月、私は震災から3年が経ち、やっと復活した養殖のホヤを現地で食べたいと、志津川に一人で出かけた。鉄道が復旧していない柳津～志津川まではBRTという代行バスが出ている。その停留所から漁港まではレンタサイクル。鉄骨のまま残されている南三陸町の防災庁舎の前を通り、工事用の土砂を積んだ大型ダンプの横をすり抜けるようにして、南三陸漁業生産組合の加工場へたどり着くと、工藤さんが牡蠣の出荷準備をしていた。殻を開けると身がいっぱいにふくらんでいる。

「うわあ、パンパンですね。あれ、でも牡蠣の旬っていつなんですか？」

「今だよ」

「冬だと思っている人、多いですよ」

「本当においしいのは春から夏にかけての卵を抱く前。グリコーゲンいっぱいで旨い。だけど海水温が上がるこの時期は、流通過程で傷んでしまうから、3月以降は生で食べるのはやめましょうということになっているんだ。衛生上の問題だね」

「工藤さんは、この時期でもちゃんと生で出せるということなんですね？」

「出せる。鮮度がよくて、ちゃんと滅菌した海水を使って浄化し、低温の状態で食べる人にちゃんと届けけば、絶対においしい」

　工藤さんたちの次の夢は、志津川に、それがいつでも食べられる場所を作ることだ。

「漁師の牡蠣小屋ではなくて、奥田さんの指導を受けた料理人のいるレストランで、1年中牡蠣料理を出す。その隣にはうちの長男がオイスターバーを開いて、お客さんに牡蠣を食べさせる。もちろんモン・サン・リックのスプマンテも一緒に。店の名前は志津ケッチァーノかな？　それともシー（Sea）ケッチァーノかな？　奥田さんに会わなければ、ここまで考えなかったと思うよ」

　いつか奥田シェフとスペインで見たオイスターバーのように、本当においしい牡蠣をいつでもその場で味わえる漁師の運営するレストランやバーを。暮れも押し迫る14年の12月、その計画は動き始めた。志津川の町は、まだまだ復興途上にあるけれど、そんな日が待ち遠しい。

南三陸漁業生産組合　宮城県本吉郡南三陸町志津川字旭ヶ浦12-5　電話0226-29-6201

吟壌の桃

加藤修一（福島・福島市）

かとう・しゅういち
1961年生まれ。果樹農家の4代目。東京農業大学卒業後、桃、さくらんぼ、りんごを栽培する。30年以上前から土壌に注目し、化学肥料を使わず、独自の発酵肥料で育てた桃を「吟壌桃」と名づけて販売。大ぶりで甘い（糖度13以上）の桃は全国にファンを持っていた。2011年の原発事故を受けて直売を中止。12月より2.6haの果樹園の表土を除去する除染を独自に敢行。土壌も桃も0ベクレルを目指し、意欲的に栽培と販売を続けている。

あれは2013年の夏、東京・銀座の「ヤマガタ・サンダンデロ」[*]でのこと。奥田シェフに「郡山には日調(日本調理技術専門学校)があるから、学校を通していろんな生産者とのつながりも生まれている。だけど、山形により近い福島市にはそれがない。誰かいないかな?」と言われた。

「それなら福島市に自力でバリバリ除染して頑張っている、桃農家さんがいるんです。一緒に行ってみませんか?」

「行ぐ行ぐ」

「ちょうどシーズンだし、一緒に桃をもぎませんか?」

「するする。その場で料理もしたい。でも空いてるのは8月5日だけ。この日なら、鶴岡から直接車で行ける」

さっそく農園の主である加藤修一さんに、その旨を伝えた。すると、

「その日はちょうど、〝あかつき〟の初出荷なんです。でもいいですよ。お待ちしています」

あかつきは加藤さんの桃の中でも主力品種だ。シーズンの初出荷は、農家がこの年の勝負をかける大切な日。部外者が畑に立ち入るのは基本的に御法度なのだが、お邪魔することになった。

〝一瞬の旬〟を逃さずに

加藤さんは、果樹専業農家の四代目。東京農業大学を卒業後、桃とさくらんぼ、りんごを作って30年になる。私たちが訪れた東日本大震災から3度目の夏は、天候的に大変な年だったようだ。

＊東京都中央区銀座1-5-10　山形県アンテナショップ「おいしい山形プラザ」2F

「震災の年と去年は、夏に雨がほとんど降らなくて、桃にはとてもいい年でした。ところが今年は春が寒くて、何度も遅霜が降りてしまった。花の時期に霜が降りると、種の生育が不順になって、実が肥大する際に割れたり、凹んでしまってまん丸にならないんです。それでもここ4日くらい晴れたのでようやくここまで色づき、味もだいぶのってきました」

ほっとひと安心といった表情で、加藤さんは話してくれた。

あかつきの出荷は、10日間ほどに限られる。みずみずしさとやわらかさが持ち味の桃は、りんごや梨と比べておいしく味わえる時期が、本当に短い。

8月5日は月曜日だった。週末には、待ちきれない人たちからの「桃ありますか?」という問合せも多かったそうだ。でも加藤さんは、

「桃はまだ木になっています。5日になるまで売りません」と、譲らなかった。

「うちは直接注文してくださるお客さまにだけ販売しています。1人ひとりにベストの桃を届けるには、5日にならないとダメ。まだ採れません」

大事に育てた桃をギリギリのタイミングで収穫して、一番おいしい状態を味わってほしい。加藤さんは、そんな桃の「一瞬の旬」を届けようと、ずっと努力を重ねてきた。

奥田シェフが鶴岡から「アル・ケッチァーノ」の2人のスタッフと、映画監督の渡辺智史さんを連れてやってきた。渡辺監督も鶴岡の出身。地元・庄内地方の在来野菜と、それを伝え、つなぐ人たちを描いた作品「*よみがえりのレシピ」には、奥田シェフも出演している。

＊映画「よみがえりのレシピ」 http://y-recipe.net/

光センサーで桃の糖度を計測。13度以上のものだけを出荷。

取材当日は、収穫が始まった「あかつき」を待つ人たちへの出荷に追われていた。

加藤さんの案内で、一行は桃畑へ。地面には、収穫の10日ほど前から「タイベック」と呼ばれる真っ白な反射資材を敷き詰めていて、晴れた日は照り返しが目にまぶしい。タイベックには、陽光を反射させて下からも光を当てることで、桃の味と色づきをよくすると同時に、雨が降っても水が土中に浸透するのを防ぐ効果がある。収穫を目前にして、根が余分な水分を吸い上げ、必要以上に果実がふくらまないようにするのだ。

　頭上の桃を見上げるなり、「おっきい。桃が、すごくおっきい」と奥田シェフ。山形にも桃畑はあるので見慣れているはずなのに、目をぱちくりさせている。それを聞いた加藤さんは、

「うちのお客さんは、大玉が好きな方が多いんです。今、シェフが持っているのは3Lサイズ。ひと玉400g以上ありますよ」

桃の木は、毎年春に無数の花を咲かせるが、それを間引いて数を減らす「摘蕾(てきらい)」、梅の実ほどに生長した青い実を落とす「摘果(てきか)」、根気と熟練を要するこの2つの作業を重ねることで、残された実に栄養を行き渡らせ、私たちが食べている桃ができ上がる。大玉に仕上げるには、1本の木になる実の数を減らし、果実に栄養分を集中させなければならない。それだけ手間がかかっていることを物語っている。

おいしさのもとは海から

こうして育て上げる桃を、加藤さんは「吟壌桃」と名付けて販売している。吟壌の「壌」は、土「壌」の壌。もう20年以上も化学肥料を使わず、独自に集めた有機物の材料を発酵させたオリジナルの肥料を使用。加藤さんはこれを「酵素農法」と呼んでいる。土づくりにこだわって栽培し続けてきた姿勢の現われだ。

「北海道や九州から海産系の材料を集めて、肥料を作っています。魚かすは雑魚ではなく、焼津のカツオの魚かすがいい。その鮮度も大事なんです」

と肥料の材料の鮮度にもこだわる加藤さん。海産物由来の肥料に目覚めたのは、まだ20代のころ。味のよいことで評判の和歌山県のみかん農家が魚かすを使っていると知り、導入するようになった。

果樹を育てるうえで、大切なのはミネラル分。カルシウム、マグネシウムなどの微量要素が大事なカギを握っている。加藤さんは「なかでもカルシウムが重要」と言う。それは桃がもともと日本に自生していた果樹ではないためだ。

「原種が西洋生まれの果樹の場合、ポイントになるのはカルシウム。ヨーロッパのブドウでいいワインができるのに、日本でなかなか難しかったのは、土のカルシウム含有量が違うからです」

それを補うために加藤さんが取り入れているのが、北海道産のホタテの殻だ。高温で焼成し、パウダー状にしたものを土に施している。

こうして土にこだわって育てた加藤さんの桃は評判が高く、客が客を呼んで、生産量の9割を直接販売するまでになった。関東を中心に顧客は約1000人。また地元JAの桃専門部会長として、福島の桃を一流ブランドにしようと、仲間を引っ張ってきたリーダーでもある。

たわわに実った桃を見上げ、加藤さんが私たちに教えてくれた。

「本当においしい桃は、収穫間際に表面が光るんですよ」

「えっ? どうして?」と、奥田シェフ。

「表面のうぶ毛がとれて、つるつるになる。そうすると光ってくるんです」と加藤さん。おいしい桃の目印はもうひとつある。

「葉っぱの周りがノコギリみたいにギザギザしているでしょ。こういう葉をつける木に、いい桃ができるんです」

震災から3度目の夏。吟壌桃の木は、天候不順、そして東京電力福島第一原子力発電所の事故による風評被害など、たくさんの悔しさや不安を乗り越えて、光る桃を実らせていた。

表土をはいで徹底除染

話をさかのぼろう。私が初めて加藤さんの農園を訪ねたのは、12年の5月末だった。2・6ヘクタールに及ぶ果樹園を、人力で徹底的に除染する。その作業の真っ最中だった。

「桃の木の除染って、どうするのだろう?」

原発事故直後、福島や北関東の農家はホウレン草などの葉もの野菜を、土から引き抜いて破棄していた。米農家はセシウムを吸着するというゼオライトを土に撒いたり、田んぼの土を反転耕するなどして、作物への移行を抑えようとしていた。だけど、桃のような果樹は、根っこごと引き抜くわけにも、土をひっくり返すわけにもいかない。生産者が大切に育ててきた木を生かしながら、果実にセシウムを移行させせない。そんな方法が、あるのだろうか?

小型の耕耘機で表土を耕しては、表面から2~3㎝だけを削り取る。当時、加藤さんの畑では、そんな気の遠くなるような作業を、男性3人がかりで半年以上続けていた。

土にこだわる生産者にとって、表土はそれまでの人生そのもの。削り取った土を見ながら、「これは加藤さんの人生そのものであり、財産ですよね」とたずねると、

「そう。ここに僕の30年が凝縮しているんです」

我が身を削る思いだったに違いない。

震災の年、福島県が桃農家に向けて行なった指導は、「葉のない冬の時期に、高圧洗浄機で木の表

面に付着したセシウムを洗い流す」というものだった。

雪の日の気温はマイナス５℃にもなるが、身も凍る寒さの中でこれを敢行。高圧洗浄機で木の幹に水をかけると、枝についた水が、つらら状に凍ってしまったそうだ。でも、それだけでは不充分だと感じていた加藤さん。りんごの収穫を終えた12月、独自に先ほどの表土をはがす作業を開始した。

「福島でこんなことをやっているのは、僕だけだと思います」

これはただごとじゃない！

震災時、地元の消防団員を務める加藤さんは、沿岸部から避難してきた人たちを避難所に誘導していて、自分が「被災した」という自覚はなかったという。事故直後、福島第一原発から70㎞離れた福島市でその影響を実感するのは難しかったが、放射性物質の空間線量が明らかになるにつれ、事態が深刻であることがわかってきた。当初は線量計がなく、正確な数値はわからなかったが、加藤さんは「原発事故直後の畑の空間線量は、１００マイクロシーベルトを超えていたと思います」と推測している。

そんな状況下、大部分の農家の人たちは畑へ出て、例年通り桃の木の手入れをしていた。

「最初の1年で、農家の人たちは、内勤者のおそらく数倍は被曝しています。1年過ぎても、畑の空間線量はまだ高いのだから……ただごとじゃありません」

震災が起きた年、桃の木は例年通りピンクの花を咲かせ、実をつけようとしていたが、加藤さんは、仲間の生産者たちに「今年は桃を売るのを止めよう」と提案した。線量が高いなか栽培を続けたら、多かれ少なかれセシウムは桃に出てしまうだろう。それより、実が青いうちに全部とってしまって、除染に徹しよう。そうすれば翌年の収穫に影響は出ないはずだから……。

しかし、そんな加藤さんの思いを、国も東電も受け入れてくれなかった。県やＪＡの方針も「桃を作って売れ」。なぜなら、そうしなければ東電からの賠償金が出ないから。加藤さんは、やむなくこの年の桃の直売を中止するしかなかった。

２年目。徹底的に除染して直売を再開しようと決意した。自前で購入した線量計を畑の土に置くと、たしかにそこにセシウムが存在していることを示していた。「桃に移行しなければいい」とか「基準値以下ならいい」という問題じゃない。セシウムが地中に沈んでからでは遅い。放射性物質がまだ地表にあるうちに、土ごと取り除いてしまおう。そうしないと、畑で作業する生産者が被曝の危険に晒される。おのれの身を削るに等しい「表土剥離」決行の背景には、そんな思いがあった。

加藤さんが、除染のために個人で雇った作業員の人件費は、半年で数百万円を超えた。これほど時間と人手と経費を要する作業を、誰もができるわけがない。「自分だけ生き残りたいのか！」と、加藤さんを非難する声もなかったわけではない。事故の影響で畑が汚されたり、桃が売れなかったり、安くなってしまったのはみんな一緒のはずなのに、除染に対する考えや価値観、できる対策に個人差と温度差が生じてしまい、同じ生産者の間で衝突や齟齬（そご）が生まれてしまう。加藤さんは、そんな周囲との軋轢（あつれき）を感じながらも、除染を続けた。

作業前と後に線量を計ってみると、表土をはいだ場所の数字は、確実に下がっていた。それが何よりの励みだった。

震災を知らない1年生の木

そうして2013年、奥田シェフと畑を訪ねた時には、

「今年の桃を検査に出しました。結果はゼロだったんですよ。検出限界0・78ベクレル（1kgあたり）で測定しても、検出されませんでした」

と、嬉しそうな加藤さんがいた。園内のモニタリング検査では、空間線量は0・26マイクロシーベルト、土壌線量は0・0ベクレル（1m²あたり）という結果も得ている（13年7月19日時点）。

「よかった。去年バリバリ除染した効果ですね」

ただ、一番上の土を削った影響が、ないわけではない。桃の木は、前の年に吸い上げた栄養分で生きるのだが、今年の木は、いつもの年よりその「貯蓄」が少ない。マイナスの影響も残った。

「ちょっと具合の悪そうな木が、何本かありました。いつもより多めにご飯（肥料）をあげて、なんとかしのぎました」

加藤さんもだが、表土を削られた桃の木もまた、大変な思いをしたようだ。

樹齢20年以上の木はすべて伐採した。樹皮の凹凸が激しく、高圧洗浄機でも付着した放射性物質を洗い流しきれないからだ。チェーンソーで切り落とした切り株のあとが、なんとも痛々しかった。

「僕が就農した時に植えた木や、祖父が残した品種名もわからない古いりんごの木も切りました」

そんな古い木の切り株が生々しかった場所に行ってみると、以前とは別の木が生えていた。高さは人の肩丈ほど。まだとても小さい。

「この子はまだ1年生。台木に挿し芽をして、ここまで育ちました」

株元に目を移すと、2種類の木がつながっているのがわかる。下が台木となる山桃の木で、新芽が出ているのは、加藤さんが自分の畑から選び抜いたあかつきの芽を接いだもの。木は切り倒されても「吟壌桃」の味は、こうして再現できるのだ。

「よそから苗木を買ってきて植えてはダメなんですか?」とたずねると、

「ダメダメ。新品種なら別だけど、苗木を作る時は自分で選抜しなければ、いい桃はできません。一番いい桃の木の枝を、台木に接ぐんです。これは完全なクローン。いい木を持っている人がいたら、頭を下げてお願いして、その枝をもらってくることもあります」

「へえ、それは知らなかった!」

と奥田シェフ。桃作りは接木の枝を選ぶことから始まっているのだ。

苗木を作るには、台木用に育てた山桃の実から種を取り出し、保存する。翌年の4月になったら、種を割り、中から白い核を取り出して培養土に植える。そこから芽を出した木を育てて台木を作り、畑で一番の実をつける桃の木の芽を接ぐ。吟壌桃は、こうして代々受け継がれてきた桃の中から、バージョンアップを重ねて紡いできたDNAを持っている。一度途絶えてしまったら、5年や10年では取り戻せない。

「みなさん、こんなに手間をかけて選抜するものなんですか?」とたずねると、「桃農家が100人いたら、4~5人かな」と加藤さん。奥田シェフも「聞いたことない。めったにいないと思う」。

「こういう選抜や芽接ぎの方法は、父親から習いました。この木は来年の今ごろ、3mくらいに伸びていますよ」

「桃栗三年」と言うけれど、商品として出荷できる実ができるまでには、5年かかるという。目の前にある小さな木は、去年の9月に芽を継いだもの。震災も原発事故も知らない新世代だ。

この木に吟壌桃が実るころ、加藤さんや福島の桃の状況は、今よりきっとよくなっているはず。〝1年生の木〟には、そんな希望が託されている。

桃一族の意外なメンバー

加藤さんが手がける桃の品種は、福島県でも最も生産量の多い「あかつき」、その次に多い「川中島白桃」、晩生品種の「ゆうぞら」が中心だが、ほかに見たことのない木があった。「滝の沢ゴールド」という果肉の黄色い桃だ。長野市の滝澤茂子さんという女性が、質然変異から発見したもので、1992年に品種登録されている。

「酸味が若干強くていい桃なんですが、作りづらいので、この辺で作る人はほとんどいないんです。割れてしまったり、袋をかぶせてもこんなヘンなのができちゃったり……」

見ると、ポコッとでべそがある。

「こんなのが多くて、ハネものだらけ。でも、僕はこの桃の香りがすごーく好きなんです」

するると、奥田シェフが

「酸味があるのは、すごくいい。ハネものはうちの店で、〝滝の沢ゴールドサラダ〟にしましょう」と言い出した。するとと「ハネものは、お安くしますよ」「それならサラダバイキングに使える」と商談成立。みんなで拍手をしていると、アル・ケッチァーノのスタッフの横田真澄さんから、「桃って何科なんですか?」と素朴な疑問が飛び出した。

「バラ科です。りんごもイチゴも、みんなバラ科なんですよ」

「へえ。バラ科って広いんですね」

そして加藤さんの奥さんの明美さんが、「同じバラ科のアーモンドも、別の場所に植えてありますよ」と言うなり、「なにっ!?」と奥田シェフが勢いよく明美さんのほうを振り返った。

「アーモンド、ぜひそれほしいです。見に行こう、雨が降る前に」

空は雨雲がどんどん厚くなり、今にも降り出しそうな気配。慌ててその場所に向かう一行。

「福島の桃畑に、なんでまた、アーモンドの木があるんですか?」とたずねると

「苗木のカタログを見ていたら、『そばに桃の木があれば、受粉します』って書いてあったんですね。うちならできるなあって思ったので、取り寄せてみたんです」

「なるほど。桃屋さんだから、アーモンドの実もできるんですね」

畑の片隅に、まだ細いアーモンドの苗が植えられていた。実は青くて楕円形。桃の実よりもずっと小さい。製菓や料理に使うアーモンドはこの実の中に入っている種なのだ。

それを目にするなり「ガリッ！」と丸ごとかじる奥田シェフ。何でも口に入れて、その味を確かめないと、気が済まない。

「スペインでは、これを丸ごと絞るんです。ミルクみたいでおいしい。これ、ほしい」

この日解禁のあかつきとへそつきの滝の沢ゴールド、そして意外な桃の親戚アーモンドの果実。それらを手にして、一同は雨が降り出した桃畑をあとにした。

キッチンを乗っ取り、桃料理

桃畑から、加藤さんの自宅兼作業場に戻ってくるなり、奥田シェフは、

「キッチンはどこですか？　失礼しまーす」

と、どんどん家の中へ乗り込んでいった。

「えっ？　えっ？　えええーっ！」

明美さんが、GOサインを出す前に、加藤家の2階にあるキッチンへ向かう奥田シェフ。そのあとをスタッフたちが、食材を抱えて続く。鶴岡から運び込んだ荷物から、緑色のナス、和牛、それから加藤さんの桃で作ったコンポート……いろんな食材が出てきた。

そう、農園を訪れる数日前、「コンポートにして使いたい。まだ固くてもいいから」と奥田シェフ

に依頼され、加藤さんに無理にお願いして、いくつかアル・ケッチァーノに送ってもらっていた。だからコンポートを使ったデザートを披露するのは予想していた。だけど、いきなりご自宅のキッチンを乗っ取るだなんて聞いていなかったので、加藤夫妻にも伝えていなかった。２人とも困った顔をしているけれど、止めるに止められない。

あれよあれよという間に、シェフの調理は始まっていた。スタッフはもちろん、同行していた渡辺監督まで桃の皮をむいている。チーム奥田の手は、止まりそうにない。キッチンはすでに定員いっぱいなので、私は改めて加藤さんにお話を聞くことにした。

「1年目は桃の直売を中止していましたが、除染して販売を再開した去年の売れ行きはいかがでしたか？」

「12年の8月、うちの『吟壌桃』が全国ネットのニュース番組で紹介されました。たしかに反響は大きかったし、応援のメッセージもいただきましたが、自宅用に買われる個人のお客さまが多くて、贈答用は少なかった。以前なら、そこから口コミで広がって、注文も1・5倍くらいに増えていたものですが、なかなかそこから先が広がらないのです」

加藤さんは、去年のシーズン前、従業員とともに郡山市で５０００枚のチラシのポスティングも行なった。それまでの経験で、新聞の折り込みよりもポスティングの方が、注文につながると知っていたからだ。「５％の２５０軒はいける」と予測していたが、届いた注文は、たった2軒だけだった。

「なかには応援してくれる人もいるんじゃないかと思っていました。でも、甘かったですね。これはただごとじゃないと思いました」
今までと同じ販売戦略では、この閉塞状況を打開できない。
そこで13年に始めたのが、桃の木のオーナー制度だ。1本の木に、500〜600個つける桃の実から、加藤さんが自ら選んだ最上級品の10個が送られるという制度。名付けて「BESTフルーツ10・オーナー」制度は、1口5500円(税込)。限定100本は大盛況であっという間に満員になった。桃畑の木にはオーナーの名札をつけ、木の生育状況は、年2回、会報で報告される。
そんな話をするうちに、次々と料理ができ上がっていった。
「自家製のヤギ乳のリコッタチーズと生ハムに桃を合せます」(あかつき、生ハム、ヤギのリコッタ)
「緑色の長なすが庄内にはあるんです。生で食べてもアクが少ない」(滝の沢ゴールドと緑長ナスのマリネ)
「このトマト、鶴岡の井上さんという生産者さんが、うちの店専用に作っている畑から取ってきたんですよ」(桃とトマトのカッペリーニ)
「桃をこんがりカラメリゼにして牛肉に合わせます」(和牛と桃のロースト)
「桃をミキサーで回してミントを入れただけです」(桃のミントミキサー)
シェフの説明付きで出てくる桃の料理を、みんなでどんどん食べていく。最後はデザート。あらかじめ加藤さんに送ってもらった桃をシロップ、赤ワイン、ベルモットで静かに煮たコンポートと、先ほど摘んだばかりの生のアーモンドを散らした2種類の桃が出てきた。種から取り出した真っ白なアーモンドは、杏仁のほのかな香りが漂っていた。

加藤さんの桃にインスピレーションを得た奥田シェフは、こうして一気に「桃のフルコース」を作ってしまった。というより、最初からこうするつもりだったのだろう。

桃カフェを開きたい

いくつもの桃料理を前にして、加藤夫妻は「こんな桃の使い方があったのか！」と、びっくり仰天な様子。そして、加藤さんがポツリと話し始めた。

「今までのように、生の桃を売るだけではダメなのかもしれない」

食後に加藤さんが自らドリップしてくれたコーヒーは、とびきりいい香り。聞けばコーヒー好きが高じて、福島駅近くの自家焙煎店に通って淹れ方を学んだことがあるという。

「いつかね、りんご畑の中に、そこに夫婦で桃やリンゴのデザートを出せるカフェを開けたらいいな。そんなことを考えていたこともあったんですよ」

すると、奥田シェフが、

「加藤さんの桃は甘みと酸味、そして香りのバランスがとてもいい。これだけ素材がよいのだから、たとえばタルトの生地を焼いて、上に桃をのせるだけで、立派なデザートになりますよ。うちの厨房で1週間研修すれば大丈夫。いつでも来て下さい」

「ホントですか？」

http://www.farmkato.jp/

加藤夫妻の顔が、ぱっと明るくなった。

この時の出会いがきっかけで、加藤さんが作る桃やりんごは、現在「福ケッチァーノ」のデザートで大活躍している。また、福ケッチァーノがある開成柏屋の隣の広場で毎月開催される「開成マルシェ」にも出店し、販売するようになった。

マルシェで加藤夫妻に会った時、「桃カフェは、どうなりましたか？」と聞くと、

「お店の図面まで作ったんですが、都市計画に引っかかって、なかなか実現できずにいます。でもね、今度うちのりんごでシードルを作りますよ。酒販免許も取りました」

「それってもしかして、東和の〝夢ワイナリー〟ですか？」

「そうそう。あそこで作ってもらうんです。来年の2月には発売できると思いますよ！」

と、はりきっていた。本書でも紹介している東和の有機農家さんたち（226ページ）が集まって作ったワイナリーでシードルを仕込む――福ケッチァーノを介してそんなつながりも生まれている。

一時は桃を作り続けることすら難しいと考えていた加藤さんが、今、6次化に乗り出している。果樹園で、とことん土にこだわって栽培した吟壌のりんご（フジ、紅玉、陽光）を使って、東和の人たちが作るシードルは、どんな味がするのだろう。

生産者自身の「やりたい」思いが、復興の原動力。地道に表土をはいで土を取り戻した日々と、そこから生まれた人のつながりをバネに、福島に新しい食文化が生まれようとしている。

フルーツファームカトウ　福島県福島市大笹生字水口50　電話024-557-8157

天然ワカメ・アワビ

下苧坪之典さん　岩手・洋野町（108ページ）

津波に流されず、「奇跡のワカメ」として復興の足がかりになった洋野町の天然ワカメ。漁の最盛期は5月で、収穫したワカメはその場で色やサイズで一等品とその他に分けていく。

下苧坪之典さんは1980年生まれ。八戸や盛岡の会社に勤めたあと洋野町に帰郷。天然の海産物の宝庫である地元を世界に発信するべく奮闘中。

選別したワカメはすぐに湯通しし、水気をきって塩をまぶす。湯に通すことで、ワカメは鮮やかな緑色に。養殖ものにはない厚み、歯ごたえが持ち味だ。

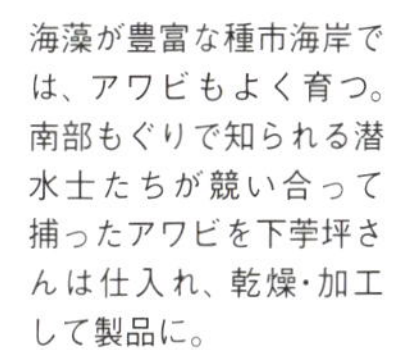

海藻が豊富な種市海岸では、アワビもよく育つ。南部もぐりで知られる潜水士たちが競い合って捕ったアワビを下苧坪さんは仕入れ、乾燥・加工して製品に。

写真協力／ひろの屋

磯崎兄弟が捕獲した天然のホヤ。養殖ものより深い海に棲息していて、突起が多い。「深い海は塩分濃度が濃いので、ホヤの身が緻密です」と奥田シェフ。

南部もぐりの子孫である磯崎元勝さん(右)と司さん兄弟。ヘルメット潜水で30m以上潜ってホヤを捕獲する達人。

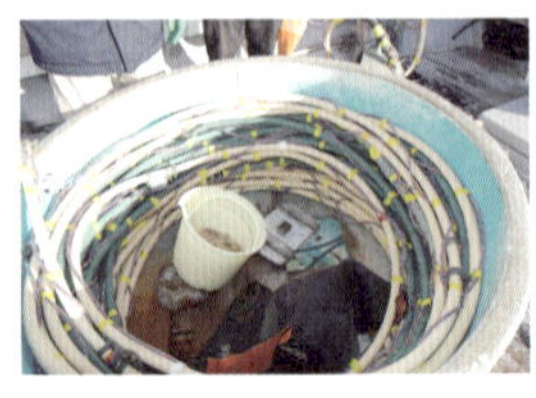

ダイバースーツ(右)にヘルメット、靴、おもりやベルトを装着すると、総重量は80kg近くになる。ホース(左)には地上と話せるインターホンがついている。

ウニや天然ホヤの料理が自慢の「はまなす亭」の庭静子さん。店を津波で流されたが、翌年3月にプレハブで再開。「この場所に来てとれたてを食べてほしい」

遠浅の岩盤の続く種市の海には、アワビやウニを育てるための「増殖溝」が掘削されている。この場所では、歩いて手でウニを捕獲できる。

ウニも種市海岸の名物。食事中だったらしく、昆布もついてきた。

奥田シェフがふるまった料理。下苧坪さんが中国料理以外にも用途を広げたい、と新しく開発した「熟成一夜干し」は、やわらかく煮てからステーキ風にし、アワビの肝のソースを添えて。「味と弾力にやられた」はアワビを使ったシェフの感想。

「フルーツの酸味や甘みが合わさると、マイルドになる」と奥田シェフはホヤにマンゴーを合わせた。ホヤの下に敷いた、茎を裂いた「剣山ワカメ」もひろの屋の商品。

乾鮑ほどカチカチに乾燥させない、半生の状態のアワビは、水と日本酒で煮てやわらかく煮てから料理に使う。

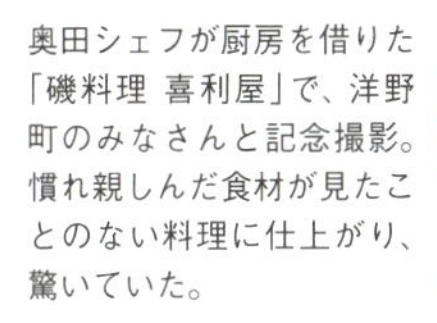

奥田シェフが厨房を借りた「磯料理 喜利屋」で、洋野町のみなさんと記念撮影。慣れ親しんだ食材が見たことのない料理に仕上がり、驚いていた。

白菜

萱場哲男さん 宮城・仙台市（128ページ）

萱場哲男さんの畑は仙台市若林区、仙台東部道路の西側にある。真冬の寒さにあたった白菜は、色が変わった表面の葉が内葉と芯を守ることで糖度を上げて生きていた。

萱場さんと奥田シェフ。萱場さんが持っているのが仙台白菜。もともと小ぶりだが、枯れた外葉をむくとさらに小ぶりに。

雪の中の白菜は、外葉は薄く枯れてしまっているが、中の葉はみずみずしい。冬の間も子孫を残すために、花芽を出そうとしていた。

白菜を半分に切って「外葉をはいで中だけ使えばいい」と萱場さん。仙台でのイベント用に野菜を探していた奥田シェフは「これは甘い」「このままスープにしましょう」。

花を咲かせようと葉が伸びて広がった白菜(左)。「これもください」と奥田シェフは白菜と一緒に持ち帰った。

仙台白菜と同じ時期に採れる曲がりねぎ。生育途中のネギを抜き取り、傾斜地に寝かせ土をかけることでこの形に。甘みが特徴だ。

収穫期を迎えた12月の仙台白菜。旬の白菜は、緑色の葉先と真っ白な芯のコントラストが鮮やかだ。

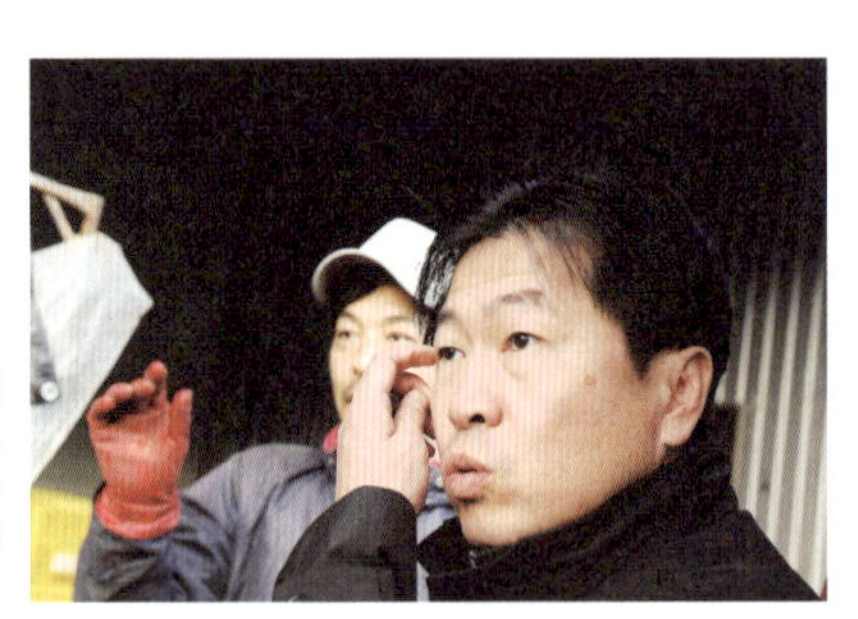

奥田シェフと萱場家の長男の哲也さん。哲男さんと一緒に仙台伝統野菜をはじめ、約150種の野菜を栽培している。

津波が押し寄せた畑で、萱場さんは2011年も仙台白菜を作った。病気に弱く、生長も不揃いで手がかかるが、それでも「食べたい」と作り続ける。

光沢のある丸みを帯びた厚い葉は、仙台雪菜。寒さに強く雪の中でも育つ貴重な葉野菜として受け継がれてきた。

萱場さん、市子さんと奥田シェフ。哲男さんと哲也さんが栽培した野菜を、市子さんと嫁、2人の娘がレストラン「もろや」で料理する形で仙台野菜の魅力を伝えている。

妻の市子さんが仙台白菜を料理してくれた。グリルした白菜のとろける食感とカリカリのジャガイモの組合せに「合う！合う！」と奥田シェフ(上)。地元では仙台白菜といえば漬けもの(上右)。生産量は減っても「昔ながらのこれでなきゃ」という声が多い。

13年3月に映画「よみがえりのレシピ」上映後の食事会で、奥田シェフが披露した「仙台白菜のブルーテとトマト豆腐」。津波の塩害にも冬の寒さにも負けずに生きる萱場さんの白菜の強さと甘さを、スープの中に閉じ込めた(撮影／長谷川潤)。

焼きハゼ

榊 照子さん 宮城・石巻市(144ページ)

捕ったばかりのハゼを薪の直火で焼いてから小屋の天井に吊り下げ、立ち上る煙で燻していく。尾ひれも胸びれもピンと張り、口をあけた姿は、まるで海中を泳いでいるようだ。

長面浦は周囲を海山に囲まれた静かな湾。目的の場所についたらエンジンを止め、網を２人で引き上げる。

12月半ばの朝６時過ぎ。榊照子さん、正吾さんは夫婦２人で小舟に乗り込み、前日に刺し網を仕掛けた漁場へ向かう。

刺し網にかかったハゼは、１尾ずつそっとはずしてカゴの中へ。暴れることなくじっとしているハゼにまぎれて、カタナギ（ギンポ）やシャコ、アイナメの姿も。この日は大漁だった。

ハゼはすぐに水洗いして小屋へ運び、生きているうちに照子さんが竹串を打つ（右）。その間に正吾さんは薪で火をおこし、その周囲に１尾ずつ並べていく（左）。

全体に火があたるように時々向きを変えながら、じっくり焼き上げる。薪の火の煙も榊さんの焼きハゼの特徴で、「煙で燻すとべっ甲色の光沢が出て、1年くらい持つんですよ」と照子さん。

アツアツのうちハゼから串をはずす。「完全に焼き上がる前にはずさないとねっぱる（くっつく）」のだそう。

焼きたてのハゼを、頭から頬張る奥田シェフ。「釣った人が、生きたままその場で焼き上げる。そこがすばらしい」。

仙台の雑煮には焼きハゼが欠かせない。ハゼのだしを醤油でととのえたところに、引き菜、ズイキ、凍み豆腐、セリ、ハラコなどが入る。最後に焼きハゼを盛り付けて。

串をはずしたハゼは、吊るすためにわらに編み込んでいく。「トウガラシを吊るす要領と一緒ですね」とシェフ。

日中は少しずつ人の気配を取り戻している長面浦を背景に3人で。「長面浦と、焼きハゼを焼く光景がすばらしい」と奥田シェフ。榊夫妻は「ここに住めるならあと10年は続けたい」。

奇跡のワカメの故郷

下苧坪之典（岩手・洋野町）

したうつぼ・ゆきのり
1980年生まれ。生家は岩手県洋野町で代々乾鮑（乾燥アワビ。中国料理用の高級食材）を加工する。大学卒業後、八戸や盛岡で車のディーラーや保険会社の営業マンを経験。震災の前年に故郷に戻り、株式会社ひろの屋を設立したが、社運をかけて製造したウニの瓶詰め製品を津波に流される。震災直後から天然ワカメを販売。ウニ、アワビなど天然の海産物の豊富な洋野町で「北三陸ブランド」を確立し、全国、さらに世界へ向けて発信しようと意気込む。

岩手県九戸郡洋野町。初めてその名を聞いたのは、2011年の8月。料理店向けに昆布やワカメを販売している台東区千束の佐藤海草株式会社を訪ねた時だった。

東日本大震災で大きな被害を受けた三陸沿岸部は、日本屈指のワカメの産地でもある。その大部分が養殖ワカメで、津波で養殖いかだごと流されてしまった。震災が起きた3月は、ちょうど収穫期。「いよいよこれから」という時に、津波に襲われたのだ。東北のワカメは、いったいどうなっているのだろう？「全国わかめ共販三陸地区指定買受人会」のメンバーである、社長の佐藤初代さんに産地の状況を聞いた。

佐藤さんによれば、震災の前年、三陸産のワカメは宮城県産と岩手県産を合わせて、3万3000tほどの生産量があった。ところが、3月11日の時点で収穫できていたのは、収穫時期の早い宮城県が2493t、岩手県になると263t。両県合せても前年の10分の1にも満たない。そんな中で、

「これが洋野町のワカメ。震災後に採れた天然ものですよ」

と、冷蔵庫から取り出して、見せてくれた。

「ええっ！　あの津波に負けずに生き延びていたのですか？」

そんなワカメがあることに、驚いた。

震災を生き延びた、奇跡のワカメ

佐藤さんによれば、「三陸産ワカメ」とひとくちに言っても地域で異なる。宮城県から岩手県南部

にかけては、ロープに種苗を挟んで海中に垂らす、養殖ワカメが中心。ロープは海中に浮かんでいるので、ワカメは海面から海中に向かって下に伸びていく。

一方、岩手県宮古市以北の〝北三陸〟の沿岸地域は、岩場にがっしり根を張り、海面に向かって上に生長する天然ワカメの産地。養殖ものよりも収穫時期が遅く、5月頃にピークを迎えるため、震災の年も収穫できたのだ。

そもそもワカメは、海の中に生えている時から緑色だと思っている人が多い。だが、生きたワカメは茶褐色。水揚げして湯通しした瞬間に、パッと鮮やかなグリーンに変わる。生のまま流通できるのは、ほんの数日間しかないため、養殖ものも天然ものもその大部分が、浜でゆでられ、長期保存に耐えられるよう加工された塩蔵ワカメなのだ。

「ワカメは刈り取ったその日に湯通しして、塩をまぶします。この時お湯が100℃より低ければ、1年以上塩蔵できません。沸騰したお湯で湯通しして、冷水にピュッと入れて締めて、塩をまぶすことで、おいしいワカメになるのです。まるで生きものですよ」

と佐藤さん。日本に生まれてワカメを食べたことのない人はいないと思うが、今はその約9割を中国産が占めていること、残り1割の国産ワカメの約7割が三陸産で、震災で大部分がいかだごと流されてしまったこと、それでも岩手県北部には、無事生き延びた「奇跡のワカメ」があることを、この時初めて知った。

「腕のいい人は、天然ものから本当にすばらしい塩蔵ワカメを作るのよ。養殖ものに慣れた人は、ちょっと厚手の天然ものを〝固い〟と感じるかもしれない。だけど、天然ものは、久慈、洋野町の小子内(おこない)……北へいくほどおいしいんですよ」

と教えられた。そんな天然ワカメの故郷の洋野町は、岩手県沿岸部の最北端の町で、青森県のすぐ隣。いったいどんなところなのだろう？　皆目見当がつかなかった。

天然ワカメが再生の第一歩

「洋野町の天然ワカメ？　それならしたうつぼに聞くといい」

「〝したうつぼ〟さん？　すごい名前ですね」

そう教えてくれたのは、フェイスブックで知り合った、青森市でサメ肉とその加工品を販売している、有限会社田向(たむかい)商店の田向常城さんだ。

「津波でなんもかんも流されて、それでもワカメを作って売っているらしい」

その人の名は下苧坪(したうつぼ)之典(ゆきのり)さんという。ワカメの産地には、それを食するウニやアワビもいて、それらも一緒に販売している業者が多い。下苧坪家もそのひとつで、祖父の代からアワビを干した「乾(かん)鮑(ぽう)」や海藻を扱ってきた。そんな下苧坪さんに、最初は電話で話を伺った。

之典さんは、もともと八戸や盛岡で働くサラリーマンだったが、父の病を機に帰郷。2010年株式会社ひろの屋を設立し、翌年3月1日、社運をかけた初の産直ビジネスとしてウニの瓶詰めの販売を開始したばかりだった。ところが、津波で出荷間近のウニの瓶詰め1000個は倉庫もろとも流されてしまい、残ったのは19個だけだったそうだ。

漁港や加工施設が破壊された不自由な環境で「今、可能な漁業は何か」を考えた時に、漁師たちの頭に真っ先に浮かんだのが「天然ワカメ」だった。震災から2カ月後の5月、残された船を使い、素潜りやボンベを背負ってワカメを刈り始めた。

通常、ワカメは「塩蔵ワカメ」の形で入札が行なわれる。漁業者自ら加工場を持ち、家族で加工して出荷するケースもあれば、漁協が建てた共同の施設で加工するケースもある。震災直後、なんとかワカメは収穫できたものの、大半の漁業者が加工場を失っていた。洋野町の種市海岸では、海辺の施設が被災したため、水揚げされたワカメは、生のまま屋根のない場所で計量と選別が行なわれていた。あまりに被害が大きかったため、特例として未加工の「生ワカメ」の入札が認められたのだ。下苧坪さんはこれを落札し、自ら釜で湯通しし、水で冷やして加工。塩を混ぜる時に使うマシンも流されてしまったので、手で混ぜていたそうだ。

手づかみでウニが採れる海

この年の10月、奥田シェフは被災地支援と通信社の取材のために、洋野町を訪れている。「函館や、工藤さん(60ページ)のいる南三陸町でワカメの養殖は見たことがある。だけど、岩から生える天然のワカメを加工して販売している町があるなんて、洋野町へ来るまで知らなかった」

奥田シェフにとっても、天然ものの豊富な洋野町とその海産物は、大発見だった。

私が初めて洋野町を訪れたのは、翌年の12年7月下旬。八戸からJR八戸線で南下すること約1時間。種市駅にたどり着いた。駅前の看板には「南部もぐりの町」とある。その翌年NHKの朝ドラ「あまちゃん」で全国的に有名になる、潜水士「南部ダイバー」の町だ。駅前で下苧坪さんと落ち合った。それまで彼は東京の百貨店や、神奈川県大磯町で開かれる「大磯市」に何度もワカメを販売に来ていたので、何度か売場でお会いし、ワカメを買い求めていた。でも洋野町で会うのは初めてだ。

「行きましょう」

さっそく現地を案内してもらう。

それまで見て来た被災地の海は、南三陸町も気仙沼も周囲を陸地に囲まれた、リアス式の穏やかな海だった。一方、種市の海は、外洋がどこまでも続いている。震災で沿岸部の漁業施設は壊滅したが、死傷者、行方不明者は出ていない。

ふと彼方を見ると、胴長の長靴をはいた人がかがんで何かを採取し、ジャバジャバジャバとこちらへ向かって歩いてきた。聞けば、漁協の職員さん。なんでもこの日は海岸で「ソウルオブ東北」のイベントがあるので、ウニを採りに来たのだという。カゴの中を覗くと、大きなウニがごろん。食事中に捕獲されたらしく、まだ食べかけの昆布もついていた。

「長靴で？　歩いて？　しかも手づかみでウニが採れるんですか？」と話しかけると、

「種市の海岸は平坦で遠浅な岩場に〝増殖溝（ぞうしょくこう）〟と呼ばれる溝があるから、できるんです。といっても、もともとこういう地形だったわけじゃなく、溝ができたのは60年くらい前。人工的に掘削したもので

種市の海岸は遠浅。ジャバジャバと歩いて手づかみでウニが採れる(右)。上はウニの赤ちゃん(種苗)。直径16mmになるまで育てられ、その後、岩手の各漁協に配布される。

す。先人の知恵ですね」

と下苧坪さんが教えてくれた。

洋野町では、3年間育成。海藻が豊富なエリアに稚ウニを放し、一度捕獲してから「ウニの牧場」と呼ばれる増殖溝に移して育てる。「牧場」のウニは、干潮時には水深50㎝の場所で捕獲できるので、旬の7月には高齢者や女性も加わって、一斉に捕獲しているのだそうだ。

宮城県や岩手県南部では、船の上から箱メガネを覗きながら、カギでウニを採る「船取り」が主流。一方、久慈市や洋野町など岩手県北部では、ウエットスーツを着たダイバーが素潜りで採取する「潜水取り」や、増殖溝周辺を歩いて取る「磯取り」が主流になっている。世界で一番ウニを食べているのは日本人なのに、こんなふうに歩いて、しかも手づかみで採りに行ける場所があるなんて、私はこの日初めて知ったのだった。

小さなウニの保育園

そのあとにお邪魔したのは、種市海岸沿いにある一般社団法人岩手県栽培漁業協会種市事務所。海辺に大きな浴槽のようなプールがいくつも並んでいる。中を覗くと、ナメコトタンのような凹凸のあるパネルに、お団子くらいの小さなウニが、いくつもいくつも貼り付いていた。

「ちっちゃい。でもちゃんとトゲがある。まるでウニの赤ちゃんですね」

「そうですよ。これがキタムラサキウニの種苗です」

所長の箱石和廣さんが教えてくれた。ウニの赤ちゃんは、ここでは「種苗」と呼ばれている。海辺の育苗施設海辺は津波を受けて大きく損壊したが、震災から半年後の9月には事業を再開した。

なんとしても9月に間に合わせたのには訳がある。ウニの漁期は5~8月中旬。それを過ぎた9月になると繁殖を始めるからだ。ここでは、毎年9月にウニから卵子と精子を取り出して人工授精を行なって孵化させ、幼生を屋内で15日間育てたあと、屋外の水槽で8~12カ月間エサを与えて育成する。まるでウニの保育園だ。

こうして直径16㎜（棘の部分を含まず）に達した種苗は、岩手県の各漁協に配布され、地元の漁師の手によって海に放流される。このように、陸上の施設で種苗を育て海へ放流し、3年後、直径5㎝以上に成長したウニを捕獲する方法を「栽培漁業」と呼び、岩手県では25年以上前から行なわれている。

「ウニって全部、自然発生の天然ものじゃなかったんですか?」

「天然の資源だけに頼っていては、ウニが枯渇してしまいます。海で誕生するウニも、ここで生まれたウニも、3年以上海中の昆布やワカメを食べて育つのは一緒。漁獲段階では見た目も味も変わりません。だからいずれも〝天然もの〟として扱われるのです」

箱石さんたちが、増殖施設を必死で復旧させ、最初の年に育てた種苗は100万個。震災前の年間250万個には及ばなかったが、12年の春から秋にかけて漁師さんの手で海に放たれていた。

この年、種市周辺の海は「海藻の森」になっていた。ワカメ、昆布の芽を食べる天敵のウニがほとんどいないのと、水温が低く、いても動きが鈍かったためだ。津波で海中の泥が舞い上げられた時、ミネラル分が撹拌され、栄養が豊富になった。それでどんどん海藻が繁茂したと考えられている。

「今年は海藻がものすごく繁茂しているので、海の上からだとウニが見えにくいようです。昆布の陰になって大変とはいえ、船の上から覗いて採るより潜水のほうが効率がいい。ウニは生まれて4年目ぐらいが食べ頃で、年をとったウニは、色も甘みも薄かったりします。間近でウニを見ながら『潜水採捕』で採る種市のウニは、1日の漁獲量が多いし、質もいいんです」

と箱石さん。「海藻の森」を思い浮かべながら、先にこの町を訪れた奥田シェフの話を思い出した。

「洋野町の海は、特別です。港に行くと、潮の香りが強いから、潜らなくても海藻の海だとわかる。波が海藻にあたって、その香りが風に乗って飛んでくる」

そんな「特別の海」が眼前に広がる洋野町では、震災で7割の船が流され、その年の夏はウニをほとんど水揚げできなかった。翌年の漁獲高は震災前の約半分。殻むき作業も、ビニールシートで囲った仮復旧の建物の中で行なわれていた。それでもグリーンのパネルに付着したエサを、音もなく食みながらすくすくと育つ稚ウニたちと、先人が残した増殖溝が続く「ウニ牧場」を見ていると、「この海と町は、きっとここから立ち直る！」と、思えてくるのだった。

流通が難しいホンモノのウニ

次に下苧坪さんが連れて行ってくれたのは、「はまなす亭」という料理店。とれたてのウニや天然ホヤの料理が自慢だったが、津波で店舗が被災。中小企業基盤整備機構の助成を受け、翌年3月にオープンしたプレハブ店舗へ、店主の庭静子さんを訪ねた。

庭さんは、大きなウニの殻を専用のナイフで開け、消化管など不要な部分を取り除いて網の上に乗せ、火を点けた。殻の中を覗くと、オレンジ色の可食部が見える。これが「生殖巣」。殻の中に5つの生殖巣が放射状に並んでいるので、ウニはヒトデと同じ棘皮(きょくひ)動物に分類される。

ちょっと炙った半生状態のウニは甘みがギュッと凝縮され、とてもまろやかで口どけがいい。普段口にするウニよりもずっとみずみずしく、やわらかだった。

「生のウニをむいたままにしておくと溶けてしまいます。ミョウバン水に浸漬すると型崩れしませんが、風味を損ねてしまう。洋野町では、塩水に漬けて瓶詰めにするのが昔ながらのやり方なんです」

今でこそ塩漬けのウニも増えてきたが、まだミョウバン水に漬けて流通するのが一般的。

「やっぱりね、ここへ来て、とれたてのウニを食べてほしいんですよ」

と庭さん。たしかに「ウニの赤ちゃん」の生まれ故郷で、ダイバーが昆布の森をかきわけて、手ずから捕まえたウニを、その日のうちに海辺で味わう。それが本当のウニの味に違いない。

南部ダイバーのはじまり

下芋坪さんと種市海岸に戻ると、偶然食の復興応援イベント「ソウルオブ東北」が開かれていた。そこには洋野町の海産物を料理する「ロレオール」の伊藤勝康シェフ(160ページ)、そして、「南部ダイバー」の磯崎元勝さん、司さん兄弟の姿も。奥田シェフが「海に潜って漁をする、すごい兄弟がいる」と話していた人たち。会場には、2人が潜って採捕した天然のホヤもあった。

ホヤは「海鞘」「老海鼠」とも表記され、東北や北海道出身の人には、おなじみの海産物だ。皮をむくと、鮮やかなオレンジ色の身が現われる。口に入れると、苦みと甘みが合体したような独特の風味と、口の中に痺れるような後味が残る、個性の強い食材だ。

日本で最も生産量が多いのは、養殖がさかんな宮城県。明治期に唐桑(からくわ)村(現在の気仙沼市)で山ぶどうの蔓にホヤの種をつけて増殖したのが始まりだという。内湾で育つ養殖ものは、丸みを帯びているのに対し、洋野町でダイバーが潜って採捕する天然ものは、突起が多くギザギザしている。

磯崎兄弟は、潜水士を養成する岩手県立種市高等学校の水中土木科(現海洋開発科)出身。「南部ダイバー発祥の地」と呼ばれている。

種市高校のホームページによると、「南部もぐり」のはじまりは明治31（1898）年にさかのぼる。函館から横浜に向かっていた船が、濃霧のために種市沖で座礁。船の解体と引き揚げのために、房州（千葉県）からやってきた潜水夫に雑役夫として雇われたのが、地元の青年・磯崎定吉だった。その才能を見込まれた定吉は、ヘルメット式潜水技術を伝授された。

彼にはこんな逸話が残されている。十和田湖神社（青森県）の神主が、神社再興の資金に湖に投げ入れられた賽銭を引き揚げようと考えた。ところが十和田湖は聖地とされていたため、誰も潜ろうとしない。そこで定吉は、七日七夜の沐浴祈願で身を清めた後、20日がかりで湖底から賽銭を引き上げた。その報酬は「馬車7台分」。これを元に潜水事業の礎を築き、多くの弟子を輩出した――。

こうして誕生した南部ダイバーは、現在も座礁船、沈没船の調査、引き揚げ、港や防波堤や橋の土台を築く海洋土木、そして魚介類を採取する漁業、養殖施設や定置網の検査や補修など、幅広い分野で活躍している。

磯崎兄弟は、定吉の直系の子孫ではないが、曽祖父から数えて四代目。オレンジ色の潜水服を装着して、海の中へ。船上からホースで空気を送り込みながら、水深30ｍの海底まで潜り、ホヤを捕る。ヘルメットは重さ16㎏、海底を動き回るための靴は片方８㎏。海中でバランスを取るために、鉛のおもりや腰ベルトを巻く。フル装備を着けると75～80㎏にもなるという。

会場で、私は兄の元勝さんにたずねた。

「南部もぐりのお仕事は、代々受け継ぐものなんですか？」

「名人といわれたもぐりの息子でも、体質が合わなくて、2~3年で辞める人もいます。やってみなければ、わかりません」

元勝さんによれば、震災が起きた時、南東の「斜め方向」からやってきたそうだ。津波が引く時には、「今まで見たことがないくらい、遠くまで海底が現れた」そうだ。

ホヤは幼生の時は、綿ぼこりのように海中をプカプカ漂っているが、ひとたび岩礁に定着すると、根を張って動くことができない。震災後の海の底の様子をたずねると、

「ホヤの3分の1ぐらいは打ち上げられて死んでしまいました。でも、海は復活してきていますよ。ホヤには口が2つあって、水を吸う口がプラス(+)、吐き出す口がマイナス(−)の形になっています。海の中では常に口を開いた状態。刺激を与えると、パッと閉じます」

海の底で、2つの形に口を開閉しながら、プランクトンを濾し取り食べるホヤ。南部ダイバーでなければ、目にすることのできない光景だ。天然ものの宝庫の海と、100年以上受け継がれてきた南部ダイバーの技。この両者がなければけっして味わえない。かけがえのない存在なのだ。

命がけのホヤ

「磯崎兄弟に会いたい。天然のホヤを使って料理がしたい」

と、奥田シェフと一緒に洋野町を訪れたのは、それから1年が過ぎた13年の12月だった。

弟の司さんが船の上で待っていてくれた。ホヤの最盛期は夏だが、冬でもナマコ漁と併行してほぼ

毎日潜っているそうだ。船には潜水に必要なヘルメット、靴、潜水服、おもりなどがスタンバイされている。地上から空気を送るホースは全長120m。空気を送る管に有線のインターホンがついていて、ヘルメットの中でも船上で待機しているスタッフとフリーハンドで通話ができるという。

約80kgの装備をつけて、ホヤが待つ水深30mの海へ。場合によっては40m近く潜る日もある。司さんの場合、一度潜ったら、漁は3～4時間半も続き、終えてからも急浮上はできない。海底の高圧下での作業のあとは、少しずつ、ゆっくりゆっくり減圧しながら戻らなければ、潜水病になってしまうからだ。人間の体内の空気は、水中では水深が下がるほど圧縮される。また、潜水士が海中で地上から管を通じて吸収した空気は、水面に上昇するに従い膨張する。司さんによれば、「水深30mで吸った空気は、地上で4倍に膨らむ」という。これが体内の血管を圧迫してさまざまな障害を生じるのが潜水病だ。急激な上昇は危険なので、時間をかけてゆっくり水面に浮上しなければならない。人間が水深10m以上の海へ潜り、作業をして、再び地上に戻るということは、常にリスクと背中合わせなのだ。

以前テレビで瀬戸内海の潜水士が、潜ったあとには必ず「減圧機」という人工的に気圧の高い状態を作るカプセルに入り、時間をかけて体調を戻すのを見たことがあったので、「磯崎さんも、減圧機に入るんですか?」と聞くと、

「あれを使うのは、ホースが切断されて急浮上したとか、緊急時だけですね」と言う。

高圧酸素を使った減圧機の開発者で、東京医科歯科大学の眞野喜洋名誉教授(故人)は、驚異的な早

さで海面に浮上し、減圧機を使わずに漁を続ける司さんを見て、

「こうして生きていること自体、不思議だ！　どんな身体になっているのか、解剖したい」

と、言ったそうだ。

　現役で活躍中の南部ダイバーを解剖するのは勘弁してほしいが、兄弟が驚異的な身体能力を供えているのは間違いない。聞けば、2人とも酒もタバコも一切やらないという。

「別に家訓ではありません。親父はタバコを吸っていましたが、医者に言われて辞めざるを得なかった。アルコールは、翌日トイレが近くなるんです。水深が深いとすぐには上がれない。死ぬ覚悟で上がってくるか、そのまま用を足すか……」

「海に潜るの、おっかなくないですか？」とたずねると
「いくらかは怖いですね。でもうちのカミさんよりは怖くない（笑）」

「ハハ、ハハハ」

　一緒に笑う奥田シェフにも、思い当たる節があるらしい。

「車の運転もちょっと間違えば大変なことになる。そこへいくと潜水の仕事は一瞬でどうにかなってしまうことはない。何が起きても、すぐ対応できるように。どう判断するかが大事なんです」

　潜水漁はいつも危険と背中合わせ。まさに「命がけのホヤ」なのだ。

　種市高校には、県外からも〝留学〟して潜水技術を学び、日本や世界の海で活躍するダイバーたちがいるという。けれどその大半は、海洋土木に従事しており、潜水漁に携わる人は少ない。ホヤ漁に

従事するのは磯崎兄弟だけだ。

「海が荒れたり、価格の変動が激しかったり。ホヤはいい時はいいけど、ダメな時はダメ。土木関係の仕事の方が安定しているんです」

そもそも海産物を採取するダイバーは、潜水士であると同時に漁師でもある。代々家業を受け継いだ人でなければ、新たに漁業権を獲得して、新規参入するのは難しいのだという。

「新たに始めるにしても、ホヤのいるポイントをつかむまでにものすごく時間がかかるんですね。一度潜っても、そこにホヤがいなければ、減圧して上がってまた潜らなければならない。それもまた危険なわけで」

震災以降、天然ものの貴重さと、南部ダイバーの存在が見直され、洋野町のホヤは以前よりも高値で取り引きされるようになった。地元には、食べただけで捕れた水深を言い当てる〝ホヤ通〟もいるという。生息していた海の深さによって、味や食感は変わるのだろうか？

「海は深い方が、塩分濃度が高いので、そこに棲息するホヤの身は緻密です。食べ比べをすると、一発でわかる。いつか水深別のホヤを料理してみたい」

と奥田シェフ。そんな磯崎さんのホヤを、現地で料理をすることになった。

アワビより美味なるアワビ

下苧坪さんの計らいで、地元「磯料理 喜利屋」の厨房で奥田シェフが料理を作り、司さんや下苧坪さん、町の人に食べてもらうことに。喜利屋は、ホヤ尽くしの「ダイバー定食」などが人気の店。奥田シェフはドアを開け、一歩中に入るなり、「いい店だなあ」とつぶやいていた。

まずシェフが取り出したのは、地元の直売所で買った「酢いか」。イカの輪切りを大根、ニンジンと甘酢に漬けた郷土料理だが、その大根とニンジンだけを取り出した。これをセロリとマンゴー、そして生のホヤと合わせる。

「ホヤは、フルーツの甘みや酸味が合わさると、特有の苦みがやわらいで、マイルドになります」

下芋坪さんのワカメの芯を剣山に似た道具で裂いて、細切りにした「剣山わかめ」を皿に敷き、ダイバーのヘルメットのような形のマンゴーの皮を盛りつける。ホヤとマンゴーのオレンジ色は、南部ダイバーの潜水服を思わせる。「ホヤとマンゴーの和えもの、南部ダイバー磯崎風」が完成した。

「ホヤと、マンゴーを合わせるなんて、初めて見た！」

と、港から喜利屋へ駆けつけた司さんもちょっと興奮気味。次に取り出したのは、東北の太平洋側でよく食べられる「どんこ」。学名をエゾイソアイナメという魚で、ちょっとグロテスクな外見とは裏腹に、味のよいことで知られる。とくにその肝は濃厚で、「海のフォワグラ」を想起させる。

地元の人がよく食べるのは、身と肝をきざんで和える「タタキ」。これにホースラディッシュとカラシ菜を添えた一品と、魚のどんことしいたけの〝どんこ〟、ゴボウとアサリを日本酒と塩で煮込んだ「どんこ・どんこ」。瞬く間に2品が完成した。

そこに「奥田さん、これも使ってみてください」と、何やら差し出す下芋坪さん。

「おお、どれどれ……」

それは乾燥アワビだった。アワビを干した「乾鮑（かんぽう）」は三陸特産で、高級食材として江戸時代から中国へ輸出していた歴史がある。下芋坪さんのお父さんは、長年その加工に携わっていたが、下芋坪さんが奥田シェフに託したのは、乾鮑のようにカチカチに干したものではなく、「熟成一夜干し」という名の、半生の状態に仕上げたもの。手に取った奥田シェフは、鍋にアサリ、ゴボウの薄切り、日本酒を入れてアワビをのせ、酒蒸しにした。

「アワビには、ワインではなく日本酒を使います。ワインは貝の臭みと甘みを消しますが、日本酒は貝に含まれるコハク酸を持っていて、旨みを引き出す効果がある」

シェフが調理場の女性に「これを一緒にきざんでください」と手渡したのは、生のアワビの肝とバター。この「肝バター」をアワビの蒸し汁と混ぜ合わせ、ゴボウとアワビを盛りつけた上からかける。こうして「一夜干しアワビのステーキ」が完成した。

「奥田さん、このアワビいかがでしたか?」と下芋坪さんが心配そうにたずねた。

「味がぐわぁーん！　ときました。弾力があって、やられたって感じです」

「中国料理でなくても使えますか?」と私が聞くと、

「これなら使えます。昔は輸送に耐えられるように完全に干していたけれど、今の時代はこれが最高のアワビの干し加減だと思う。味が凝縮されている」

「生のアワビよりも、いいですか?」

「生のアワビは、自分で採ったこともあるし、何度も食べているけれど、これは人の手が加わったことで、生アワビよりも味の奥行きが深くなっている。こんなアワビは初めてです」

「本当ですか。ありがとうございます！」

下苧坪さんは現場に来ていたお父さんと、両手を握りガッツポーズ。実はこの一夜干し、乾鮑の技術を応用して開発した新商品だったのだ。

このアワビもまた、南部ダイバーが捕っている。磯崎さんのヘルメット潜水ではなく、素潜りやボンベを背負った潜水士たちだ。毎年種市南漁協では、アワビ漁獲量の上位者を番付で表彰する「採鮑技能大会」を行なっていて、その成績は相撲のように「番付表」で発表される。14年、最高位の「東横綱」に輝いたのは吹切（ふっきり）守さん。１人で４６９kgを水揚げした。その親戚筋に当たる吹切秋則さんは西の横綱で４５５・８kg。こうしたダイバーたちが、命がけで捕獲したアワビがもっと評価されるように、商品を開発し、販売していきたい――それが、下苧坪さんの願いだ。

「増殖溝のあるウニ牧場、研究者が解剖したくなる潜水士、１人で５００kgのアワビを採る名人……そんな人や環境を、もっともっと宝として大事にしていかなければと思うんです」

天然のワカメ、ウニ、ホヤ、そしてアワビ。洋野町の海の幸は、いずれもすばらしい。しかし、生を新鮮な状態で味わえる時間は限られている。だから「生より美味」で保存性が高く、しかも付加価値が高い加工技術が必要になる。だが、日々命がけで漁に出ている漁師たちが、自ら加工や６次化に取り組んだり、販売先へ売り込むことは現実的に難しいのもたしかだ。

http://hirono-ya.com

優れた食材を産出しながらも、消費地から遠く離れている洋野町のようなところほど、漁師や加工に携わる現場の人たちの思いを汲み取って、百貨店や料理人など「売る人」「使う人」たちとの架け橋になる下苧坪さんのような人の動きが、とても重要になってくる。

だから下苧坪さんは、震災以降、加工技術を磨きながら、販売ルートを確保するために、日本はもちろん、台湾や中国まで飛んで行き、「北三陸ブランド」の商品の魅力を伝え続けている。

「震災がこなければ、ここまでやらなかったかもしれません」

こうした下苧坪さんの取り組みは、14年6月、「北三陸の食を日本、そして世界に届けるプロジェクト」として、キリングループが展開する「復興応援 キリン絆プロジェクト」に採択された。奥田シェフを唸らせた、あのアワビの「熟成一夜干し」も、そのひとつ。

「あの一夜干しのアワビは気に入ったので、アル・ケッチァーノをはじめプロデュースする店でも使っていますよ。洋野町の海を、これからも応援していきたい」

と語る奥田シェフ。実際に、シェフが紹介したオリーブ油を下苧坪さんが「あわびオイル煮」に使うなど、やりとりは続いている。

「世界中の誰もが、よってたかってほしくなる。そんなブランドを築きたい」

天然の海産物の宝庫で、南部ダイバーの故郷の洋野町。震災を乗り越えて、世界を目指す新しい水産業が始まろうとしている。

ひろの屋　岩手県九戸郡洋野町種市22-131-18　電話0194-65-2408

変わる仙台、変わらぬ白菜

萱場哲男（宮城・仙台市）

かやば・てつお
1947年生まれ。仙台市若林区の農家の9代目として、さまざまな野菜を栽培。90年代から生産者が自ら販売する「直売」に注目し、勾当台公園の朝市や百貨店「藤崎」（ともに仙台市）などで野菜の直売を始める。99年に妻の市子さんと２人の娘が、自宅に併設する形で農家レストラン「もろや」を開業。長男の哲也さんも栽培に従事するなど、家族全員で農業に取り組む。「もろや」は2015年11月、地下鉄東西線荒井駅近くに移転予定。

「奥田さん、〝仙台白菜〟をご存知ですか？」

「名前は聞いていたけど、見たことがない。同じ東北人として、ぜひ使ってみたい」

奥田政行シェフが、仙台白菜の生産者・萱場（かやば）哲男さんを初めて訪ねたのは、２０１３年２月。翌月の３月24日には、庄内地方の在来作物の生産者と、それを研究する山形大学の江頭宏昌准教授、そして奥田シェフのドキュメンタリー映画「よみがえりのレシピ」の仙台での上映会に合わせて食事会が開かれることになっており、

「せっかくだから、宮城県の在来作物を使った料理を出したい」

と考えていたのだ。地元・庄内地方の在来作物を料理に活用することで世に広めてきた奥田シェフは、全国の在来作物についても詳しい。それでも「在来の白菜は見たことがない」そうだ。それが仙台にあるという。

松島湾の離島で採種に成功

今、全国的に「在来作物」が脚光を浴びている。

在来作物とは、ある地域特有の作物で、種苗メーカーが大量生産する種とは異なり、農家が自分たちで毎年種採りをして受け継いできたものを指す。山形在来作物研究会では、在来作物について、「①ある地域で世代を超えて栽培されていて、②主として栽培者自らの手で種採りや繁殖が行われ、③特定の料理や用途（たとえば、祭礼や儀礼など）に用いられる作物のこと」と定義している（在来作物研究会編『おしゃ

べりな畑』山形大学出版会より)。

形が不揃いだったり、病気に弱く作りにくいなど、大量生産には向かず、人知れず消えてしまった品種も多い。その一方で、「お金にはならなくても、おいしいから」と、畑の片隅でひっそりと種をつないできた作物も残っている。近年、とくに震災以降、それらが脚光を浴び、世に残そうというムーブメントが各地で起きている。

さまざまな在来作物がある中で、結球した白菜が見当たらないのには理由がある。白菜をはじめ、カブ、小松菜、チンゲンサイ、ナタネ、キャベツ、ブロッコリー……とにかく日本にはアブラナ科の作物が多く、これらは交雑しやすい。とくに白菜は交雑すると結球しなくなるので、農家の人が種を採っても、純粋な形で残すのは難しいといわれる。

それでも存在する仙台白菜。その来歴については、宮城県農林水産部発行の『みやぎの輝き食材カタログ』に詳しい。一部を抜粋すると、

宮城県に白菜が持ち込まれたのは、日清・日露戦争に従軍した仙台第二師団の岡倉生三参謀が、「芝罘(チーフ)白菜」という品種の種を、宮城県立農学校に寄付したのが始まり。その後、伊達家31代当主・伊達邦宗が開いた「養種園」の沼倉吉兵衛氏が結球白菜の育種を始めるが、ほかのアブラナ科の花粉が交雑してなかなか結球しない。そして花粉が飛んで来ない離島で種を採ることを思いつき、松島湾の馬放島(まはなしじま)で採種を始めた。

その後、渡辺採種場の初代社長渡邉穎二氏が、貿易会社「宮崎洋行」から購入した種子を元に品種改良を行ない「松島純2号」などを開発。馬放島での採種にならい、松島湾内の桂島で採種を行なって量産に成功。これが仙台白菜の元祖となり、大正末期から昭和初期にかけ、京浜地方に出荷。その名は全国的に広まった。[*]

つまり、仙台白菜は種苗会社が育種した〝固定種〟であり、「農家の片隅で、ひっそりと」受け継がれてきた在来作物とは、異なる出自と来歴を持つ。

昭和30年代から白菜は固定種に代わってF_1(一代交雑種)品種が主流になり、産地も茨城、群馬、愛知、長野などが中心に。仙台市周辺で栽培する人も減り、仙台白菜はいつしか全国の市場から姿を消していた。

子ども時代の記憶がよみがえる、懐かしい白菜

そんな仙台白菜は、海からの風と雪が吹きつける2月の畑にあった。

「秋口に収穫する早生の白菜だから、今、残っているのはこれだけです」

と萱場哲男さんが指さす先には、縮こまるようにして30玉ほどの白菜が残されていた。

萱場家は、仙台市若林区荒井地区で9代続く農家で、年間150種もの野菜を栽培している。畑は海岸から約5㎞の位置にあり、東日本大震災の時には、「津波の勢いを弱めてみんなを守った」と言

＊1922(大正11)年創業。宮城県小牛田町(現在の美里町)に本社がある。

われる仙台東部道路の高架を越えて、津波が押し寄せてきた。

「この辺はまだ、波がすぐに引いた場所です。それでも震災直後は畑に大型トレーラーや自販機が横たわっていました」

萱場さんが仙台白菜を栽培するようになったのは、8年ほど前のことだと言う。それまで、萱場さん自身もF_1種の白菜を栽培していたが、伝統野菜の復活を目指す宮城県農林水産部の担当者から、「作ってみませんか」と依頼があったのだ。そこで、すっかり市場から姿を消していた仙台白菜の原点である、固定種の「松島純2号」を栽培。初めてできた白菜を食べた瞬間、

「これは小さい時、うちで食べてた白菜だ」

と思ったそうだ。

「子どものころに憶えた味は忘れません。あぁ、かつてはこの辺でみんな作ってたけど、それが仙台白菜だとは知らずにいたんですね。秋になったら、やっぱりこの白菜でなくっちゃ。その味に惚れ込んでしまいました」

味の記憶がよみがえり、自ら「仙台伝統野菜振興組合」の代表として、率先して毎年3000玉ほど栽培するようになった。できた白菜は、地元の量販店で販売するほか、食育に熱心な栄養士が、その由来を伝えながら、学校給食にも取り入れている。震災前は仙台市で10人の生産者が栽培していて、中でも一番多いのが若林区だった。

「販売価格は1玉200円ぐらいで、普通の白菜と変わりません。以前は若林区だけで6人が作って

いましたが、津波の被害に遭い、まだ再開できずにいる人もいます。今作っているのは、私も含めて3人ぐらいですね」

萱場さんは、震災が起きた年も、仙台白菜を作らずにはいられなかった。被害の少なかった田んぼを畑に変え、例年通り8月20日過ぎに種を蒔き、15〜16日後に育った苗を植え付けた。

私たちが訪れた2月の雪の畑に残っていた白菜は、震災から2度目の秋に向けて植えつけたもの。海から吹く横殴りの風は、奥田シェフと私が立っているのがやっとなほど強かった。

「沖から吹く湿った風を、我々は『沖上げ』と呼んでいます。海辺には、家が密集して建っていたのですが、津波でなくなってしまい、前よりいっそう強くなった気がします。一方、蔵王の山の方から吹く西風は、『山おろし』で乾いている。西と東、両方から吹いてくるんです」

するると、奥田シェフが、

「風の湿度が高いと、野菜は甘くなるんです。逆に乾燥すると苦くなる。収穫時期か、そのちょっと前に、こんな湿った風が吹く場所がいい」と口を開いた。

震災から2度目のシーズン、萱場さんは10アールに3000本の苗を植えつけて、収穫できたのは2000個ほど。3分の1は、病気や虫にやられてしまった。そこが病気に弱い、昔ながらの品種の弱点でもある。もともと11月に旬を迎える早生の品種の仙台白菜は、寒さと雪、風にあたって斜めになり、表面の葉は茶色く融けかかってレース状になっている。ちゃんと料理に使えるのだろうか？

「どれどれ」と萱場さんは白菜のお尻にザクッと包丁を入れ、2つにカットした。半分に割ると、中の葉はみずみずしい。奥田シェフは、中心部分を取り出して口に入れた。

「これは甘い」

凍てつく寒さのなか、仙台白菜は芯部を凍らせず、糖度を上げて生きていた。なんとか子孫を残そうと、中心部から花芽を覗かせているものもある。萱場さんは、その中から何玉か収穫してシェフに手渡した。

「外側の葉をはいで、中身を使えばいい」

「おお、このままスープにしましょう！　僕は白菜をローストすることが多かったけど、これはほかの白菜とは違う。みずみずしくてやわらかいから、丸ごとスープにしてみたい」

翌月開かれた映画上映後の食事会で、奥田シェフは「仙台白菜のブルーテ」を作った。

「バターと小麦粉でルウを作り、そこに、あらかじめ牛乳で炊いた白菜とブイヨンを交互に入れていきます。最後に白菜がクタクタになったところでミキサーにかける。お客さまに出す時に、生の白菜の絞り汁をちょっと入れて……香りをパワーアップさせて完成です」

仙台で白菜料理といえば、まず塩漬け。しかも、そのほとんどは収穫を終えた年内に漬け込んでしまう。真冬の寒さに堪えた仙台白菜のブルーテは、会場の80人を驚かせた。

農家レストラン、やっぺ！

寒さに凍える白菜ではなく、青々とした旬の白菜に会いたい。

「萱場さんの仙台白菜を、もう一度見に行きましょう！」

と、久しぶりに奥田シェフと萱場さんのお宅を訪ねたのは、その年の12月12日。萱場さんの畑には、震災から数えて3度目の収穫を迎えた仙台白菜が並んでいた。2月の白菜とは違い、葉先はグリーンで、みずみずしく堂々としている。

「一般的な白菜は1玉3～4kgが普通ですが、仙台白菜は2kg前後で歩留まりが悪い。それに今の白菜は、大きさも形もダーッと揃うけど、仙台白菜はそれぞれみんな違う。だからちゃんと収穫できるのは、全体の6～7割。最初からそういうものだと覚悟して作らないとダメなんです」

そう話す萱場さんに、私が、

「津波に遭って、土が変わったりしませんでしたか？」

とたずねると、

「若林区では、塩害がひどくて客土した所もありますが、うちはそこまではなかったですし、白菜は比較的塩に強いので、塩分を含んだ土もそのまま混ぜて植え付けました。最初の年はあまり出来がよくなかった。2年目と3年目は暑すぎたり、台風が来たりで大変でしたね」

もともと作りにくくてロスが多い品種のうえ、塩害の影響も受けている。それを承知で萱場さんはこの白菜を作り続けている。

ほかの作物に目を向けると、土の中に斜めに植えることで白い部分が曲がる「仙台曲がりネギ」、肉厚で丸みを帯びた葉の「仙台雪菜」、白菜が登場するまで冬場の貴重な漬け菜だった「仙台芭蕉菜」

の姿も。仙台の伝統野菜が勢揃いしている。

萱場さんの畑がある若林区荒井地区は、かつて米一筋の単作地帯だった。萱場家には常に男性の人夫が数人寝泊まりして、農作業に従事するほか、まかないを作る専門の女中さんもいたそうだ。

「田植えの時期になると、海から山から50〜60人ぐらい手伝いの人が来て、3日ぐらい手作業で植えていました。だから田植えの時期はうんと賑やか。みんなで食べる田植え弁当が楽しみでした」

そんな風景が一変したのは、昭和40年代初頭。田植機や稲刈り機など、機械化が進んだことで、大勢が手作業で行なう賑やかな田植えの光景は、見られなくなってしまった。

また、仙台も都市化が進むなか、萱場夫妻は米と野菜を作り続けていた。しかし、作って農協へ出荷するだけでは、もの足りない。次第に仙台市民と交流を深めながら農産物の魅力を直接消費者に伝えたいと考えるようになった。

萱場さんの妻の市子さんは1977年、女性生産者3人とチームを組んで、「おだまき会」を結成。一般家庭へ採れたて野菜をセットにして届ける事業を始めた（メンバーが被災したため、現在は休止中）。また、仙台市役所近くの勾当台（こうとうだい）公園で、仲間たちと朝市を立ち上げたり、さらに仙台の老舗百貨店「藤崎」で、夕方に「5時の市」を開催するようになる。

「デパートで農家の野菜を売るなんて前代未聞でしたが、泥つきの大根や枝豆、採れたてのトウモロコシやトマトを持って行ったら大好評。2時間で10万円売れたこともありました」（哲男さん）

さらに大きな転機となったのは、長男の哲也さんのアメリカでの農業研修だ。94年に宮城県農業短期大学を卒業した哲也さんは、現地で最新の農業を学んでいた。

「オレゴン州の大規模農場で働きながら、当時の日本では見ることのなかった、ファーマーズマーケットや農家レストランを目の当たりにしたそうです。手紙に『家族経営の農家がレストランをやっている！　仙台に帰ったら、うちでもやりたい』と、書いてよこしたんです」

ちょうど哲男さん市子さん夫妻も、農家特有の野菜の食べ方を伝える方法はないだろうかと摸索していた矢先。研修先の哲也さんからの情報を得て、

「農家レストラン、やっぺ！」

と決意した。そして、自宅の改装を機に「もろや」を開業したのが99年。萱場家は、かつて醤油のもととなるもろみを搾っていたこともあり、「もろや」という屋号がある。店名はそんな屋号にちなんでつけた。

市子さん、長女のかおりさんと哲也さんの妻の真澄さん、次女の美穂さんが、野菜とお米を中心とした料理を提供（ランチのみの営業・予約制）。材料の99％は自家栽培で、肉、魚は使わず、山菜や果物は、県内の知人から仕入れる。

3月には「ひな御膳」、5月の田植えの季節には「さなぶり御前」、7月は「七夕御前」、11月に「収穫御前」と季節を意識した献立で、かつて田植えの時期にみんなで食べたお弁当のように、農家の暦に従い提供する料理には定評がある。また、正月に販売するおせち料理は、藤崎のカタログのトップを飾るほどの人気商品だ。

「いつも種を蒔く時から、献立を考えているんです」

と市子さん。近年、農家が収穫した作物を使って加工や料理、販売まで手がける6次化が全国的に推進されているが、萱場夫妻は6次化という言葉がもてはやされるずっと以前から、「農産物だけでなく、農家の思いやメッセージを伝えたい」と、販売や加工、直販を手がけていたのだ。

新品種にない、とろける食感と甘さ

畑から「もろや」に場所を移して、哲男さんと白菜談義をしていると、市子さんが料理を運んできてくれた。

「はい、これが『白菜のグリル焼き』です。カットした白菜に、油でカリカリに揚げたジャガイモをのせてグリルで焼き、自家製のゆずドレッシングをかけました」

奥田シェフは、それを頬張るなり、

「おお、ジャガイモと合う、合う、合う！」

仙台白菜が、他の白菜と一番違うのは、根元に近い白い部分。加熱すると、口の中でやわらかく溶けて、じわーっと甘みが広がっていく。

中を割るとわかるが、昔ながらの仙台白菜は中心部が淡いクリーム色。一方、広く出回っている白菜は、中心部が黄色い「黄芯系」と呼ばれるものが大部分を占めている。

その背景には、昭和50年代以降、核家族化や食の洋風化が進み、家庭で白菜を漬ける習慣が薄れていったことがある。漬けものが「家庭で漬けるもの」から「買うもの」へ。また、オーソドックスな塩漬けに代わり、トウガラシを使ったキムチのニーズも増えた。そんな食生活の変化に伴い、中まで白かった白菜は、切り口が鮮やかで漬けものにした時に見栄えがよく、身質がしっかりしていて長期保存にも堪えられる「黄芯系」へと変わっていったのだ。奥田シェフにたずねてみた。

「中が黄色い白菜を、こんな風にグリルしたらどうなりますか?」

「もっと筋っぽくなるはず。煮込む時も、黄色い白菜より、仙台白菜の方が短時間で済むと思う」

それを聞いた哲男さんも、

「鍋ものに入れると、トローッてとろけるようになる。やっぱり仙台白菜だよなあって思うんです」

作りにくくて、生産効率もよくない。それでも黄芯系の白菜には代われない「おいしいから作りたい。残したい」と思わせる魅力が、仙台白菜にはあるのだ。

市子さんが「白菜と揚げたジャガイモ、合うでしょう?」と言うと、

「ばっちりです! さっとカキをゆでて、そのゆで汁をこの柚子ドレッシングに混ぜて、白菜にかけるとなおいいと思います」と奥田シェフ。

「えっ? それって海の〝カキ〟ですか?」

「そう。この白菜、食べると牡蠣っぽい味がする。ここは海が近いから、潮風の力かな? だから相

2015年末に開業予定の仙台交通局東西線「荒井駅」の工事が進んでいた。

性はいいと思います」

「奥田さんにそう言われたら、うちの白菜、本当に牡蠣の味がするような気が……。私たち、これから肉や魚を使ったお料理も覚えたいと思っていたところなんです。勉強になりました」

これまで、自宅の一部を開放して、自家栽培の野菜を中心に料理を提供してきた「もろや」。しかし、お店も荒井地区の農業も、大きく変わろうとしている。

変わる仙台、変わる「もろや」

2度目に萱場家を訪れた時、周囲の風景がガラリと変わっていたことに驚いた。工事現場がどこまでも続いていて、「もろや」がどこにあるのか、わからなくなりそうだった。

近くに2015年12月開業予定の仙台市市営地下鉄東西線の「荒井駅」ができるため、その工事が進んでいたのだ。荒井駅は地下鉄の東の終着駅であり、新たにできる地下鉄の車両基地も兼ねている。周囲では大がかりな工事が進んでいた。

「地下鉄の計画は、もう10年以上前から進んでいました。この近くに高層の市営住宅や、被災した人たちの復興住宅の建設も進んでいます。駅周辺には、大きなホテルや病院もできる。これから人口が3000人くらい増えるそうだし、人の流れも大きく変わっていくでしょう」

と、萱場さん。これまでの「自分で栽培した野菜を、自分で料理して提供する」という萱場家のスタイルを、今まで通り続けていくことはできるのだろうか？

震災の影響もあり、数軒の農家が集まって法人化し、大型機械を共有して大面積を栽培する「集落営農」のスタイルが、とくに沿岸部の稲作地域では進んでいる。津波で農業機械を流され、栽培の道を絶たれた人たちは、必然的に集落営農チームに農作業を委託せざるを得ない。大規模化にいっそう拍車がかかりそうだ。

しかし、仙台白菜のように、手がかかるうえに不揃いになりがちな作物は、大量生産には向かない。萱場さんのようにていねいに手をかけて育て、自ら漬けものにしたり、料理にして付加価値を高め、消費者にその魅力を直接伝えられる農家でなければ、栽培し続けるのは難しい。

「たしかに集落営農は、増えていくかもしれません。それでもやっぱり、家族経営の農業は絶滅しないと思います。家族みんなで季節が来たら『おいしい白菜作っぺな』。そんな営みは、絶対になくならないから。それはそれで大事にしていきたい」

季節ごとに野菜を栽培して、そのおいしさをまず家族で分かち合い、残りを訪れた人にお裾分け。そんな農家の営みが、震災とともに消滅するはずがない。ところが――。

「今度『もろや』は、駅前にビルを建てて移転しないといけないんです」と市子さん。

哲男さんが「この家も、解体しないといけません」と続けた。

「津波から逃れて、まだちゃんと住めるのに」と奥田シェフ。

「本当に、いだましい(もったいない)」と市子さん。

「もろや」のある自宅が区画整理の対象になるため、駅に近い代替地に移り、自宅とレストランが入居するビルを建てるという。農地も集約されて、現在より規模は小さくなるが、野菜の栽培はこれまで通り続けていくつもりだ。大きく様変わりする荒井地区とともに、「もろや」もまた、変化を余儀なくされている。

「長い間農家をやっていると、夏はナス、秋は白菜など、時期が来ると、必ず食べたくなる野菜があります。まず自分が食べたい。それを出発点にして、ずっと作ってきました。10年以上続けているうちのレストランには、常連の方もいます。多少環境が変わっても、そのつながりを絶やしたくはありません」

と哲男さん。これまでランチ限定の完全予約制だったが、予約のない人も受け入れながら、週2〜3回は夜も営業していこう。萱場家の家族会議で、そう決めた。

新装「もろや」は、15年11月にオープンの予定。昔ながらの仙台白菜の漬けものをはじめ、それを使った料理、その他の伝統野菜の料理や、米粉を使ったオリジナルの加工品も販売する。新装開業に向け、萱場夫妻も息子の哲也さん夫妻も、結婚してからも「もろや」を手伝っている2人の娘さんたちも張り切っている。

それにしても、萱場家の人たちのように、作りにくくて大量生産には不向き。だけど昔からみんなが食べていた野菜を、震災が来ても、ずっと作り続けようとする人がいるのはなぜだろう？　あとから奥田シェフにたずねてみた。

「それはね、野菜が人に、催眠術をかけるからです」

「は？　何ですか、それは？」

「植物は、次世代に種を残すこと、自分のエリアを広げることだけを考えて生きている。でも身動きがとれないから、人に『私を作れー』って、催眠術をかけるんです。すると『なんか知らないけど、私、この種蒔かなくちゃ。気がつくと毎年作ってる』って人がいる」

なるほど。人が作物に作らされているんだ。

「植物って頭がいいんです。次の世代を残したい。だからその作物が生き残るために、私は料理人としてできることをやっているだけ。実は作物を利用しているようで、利用されているんです」

そんな「催眠術」にかけられているのは、農家の人たちだけじゃない。料理人も、食べる人も、一緒にかかって、食べ続けていくのかもしれない。

もろや　宮城県仙台市若林区荒井沓形88-2　電話022-288-6476

津波に消えた集落、消えぬ焼きハゼ

榊 照子(宮城・石巻市)

さかき・てるこ
1944年、宮城県桃生郡の旧河北町に生まれる。夫の正吾さんは大川小学校の同級生。「焼きハゼ名人」として知られていた父・乙男さんから、漁や独自のハゼの焼き方を学んだ。東日本大震災の津波により、長面浦に面していた自宅とハゼの焼き場、そして乙男さんを失う。同年、ボランティアの協力を得て焼きハゼを復活。現在も仮設住宅から30分かけて長面浦に通い、夫婦で冬場の焼きハゼ作りを続けている。

「奥田さん、焼きハゼの長面浦（ながつらうら）へ行きましょう」

「うん。いよいよだ」

奥田シェフと仙台市内のホテルを出発したのは、冬のある早朝4時。外にはうっすら雪が積もっていた。身も凍るような寒さの中を、石巻へ――。今回は、これまでとはどこか違う緊張感が漂っていた。被災した東北の沿岸部の中でも、著しく被害が大きく、作り続けることが最も困難な食材を訪ねる旅になりそうだったからかもしれない。

周囲8㎞の丸く小さな海

石巻市の北上川の河口近くに、長面浦という場所がある。

周囲8㎞。海山に囲まれた内湾で、面積は20ヘクタール。波が静かでおだやか。まるで小さな丸い鏡のような形をしている。

私たちがそこへ向かったのは、震災から3度目のお正月を間近に控えた2013年12月13日。昔からこの海で行なわれてきたハゼ漁と、仙台雑煮に欠かせない「焼きハゼ」作りを見せてもらうためだ。非営利団体「スローフード仙台」の阿部ユミさんの案内で、仙台を朝4時に出発。小雪のちらつく三陸道を走り、河北インター近くの仮設住宅で、榊正吾（さかきしょうご）さん、照子（てるこ）さん夫妻と合流した。そこから長面浦までさらに30分。徐々に行き交う車も家並みも途絶え、ようやく長面浦へたどり着いたのは6時過ぎだった。

着いた時は真っ暗だったが、山の向こうから陽が昇り、空が明るくなるにつれ、次第に様子がわかってきた。周りにはかつてあったはずの集落も家も見当たらない。

一軒だけポツンと残った海辺の神社の倉庫近くに、小舟が数隻繋留されていた。

「寒いから、船に乗るなら、いっぱい着てきた方がいいよ」

と照子さん。船は小さく、榊夫妻の他には1人しか乗船できない。

「オレ、ここで待ってるから、三好さん行って来なさい」

と奥田シェフに言われ、撮影担当の私が乗ることになった。

正吾さんが、船の後方に乗って舵を操る。私たち以外、漁をしている船も人の姿もない。湾の中ほどまでいくとエンジン音が止まった。前日に仕掛けた網を、2人が手作業で引き上げていく。糸が細く、目の細かい「刺し網」だ。水中にいるハゼの目には、網目が見えないのだろう。知らずに通り過ぎようとすると、エラやひれが引っかかって捕まる。そんな仕掛けの漁のようだ。しばらくすると、

「あ、いだ。ほら」

引き上げられた網目の間に、長さ20㎝ほどの魚が引っかかっている。ハゼだ。2人はそれをそっとはずして、カゴに投げ入れた。捕らえられたハゼは、ビチビチのたうち回るわけでもなく、つぶらな目を凝らしたままじっとしている。往生際のよい、おとなしい魚のようだ。

焼きハゼ名人の父を津波に奪われて

『ごっつぉうさん――伝えたい宮城の郷土食』(河北新報出版センター)によれば、昭和初期、宮城県内で雑煮に使われていただしは、沿岸地域ではアユ、ハゼ、ハモなどの魚のだしが多く、山側ではカツオ節、キジ、鶏、ところによってはナマズなど、それぞれの地域の産物を生かしたものが使われていたという。そのなかでも最も多く使われていたのは、焼きハゼのだしだった。

宮城県沿岸部には、古くから焼いたハゼでだしをとる習慣があり、お正月の「仙台雑煮」にも欠かせない。その主な産地は、波が静かな松島湾や石巻市の万石浦、そして長面浦だ。長面浦の焼きハゼは、年末になると海産物を扱う業者を通して、仙台でも売られていた。

震災前、榊さんの家は、長面浦のすぐ目の前にあった。だから「庭先の池に船を出す」ような感覚で、ハゼ漁に出ていたそうだ。家族の中でも、照子さんの父・乙男(おつお)さんは「焼きハゼ名人」として広く知られていたが、近年その技を伝える人が減り、震災前、すでに長面浦で作れる人は乙男さんだけに。「その技と食文化をなんとか後世に残したい」と、考える人も少なくなかった。

そんな貴重な焼きハゼの故郷が、先の大震災の津波に襲われてしまった。長面浦周辺には約500人の人たちが住んでいたが、袋小路のような形をした小さな海に、津波はその威力を倍増させて襲いかかってきた。80歳を過ぎて目が不自由だった乙男さんは、近所の人に連れられて避難したのだが、折悪しく逃げた方向に津波がやってきて、犠牲になってしまった。

照子さんはしばらくの間「長面浦を見るのもつらい。一刻も早くここを離れたいけれど、父が見つかるまで離れらない」と思っていた。

7月になり、榊夫妻が久しぶりに長面浦を訪れてみると、地形はすっかり変わっていたが、魚たちは戻っていた。そしてガレキの中から奇跡的に乙男さんの船が見つかった。損傷は少なく、漁ができる状態で。照子さんはこの時初めて、

「やれるなら、また焼きハゼを作ってみたい。せめて漁網だけでも注文しよう」

と思ったそうだ。乙男さんが見つかったのは9月。長面浦の復旧はほとんど進まず、集落は水浸しの状態だった。

焼きハゼは、捕えたハゼが生きているうちに串を打ち、その場で焼き上げて作る。水揚げしたものをどこかへ運んでいたら、みるみる鮮度が落ちてしまうから、焼き場はできるだけ海の近くになくてはならない。震災前から榊さんの焼きハゼ作りを支援していた「スローフード仙台」と「スローフード宮城」のメンバーが、なんとか場所を確保して再開の準備を進めていたが、漁に必要な刺し網がなかなか手に入らない。津波で漁網を失った漁師があまりにも多く、注文が殺到して製造が追いつかなくなっていたのだ。

「年内に漁網を手に入れるのは無理」と半ば諦めかけていた12月初旬、念願の刺し網が届く。また、ボランティアの手により仮設の焼き場も完成した。

「名人」と呼ばれた父の焼きハゼ作りを、子どものころからそばで見て、手伝っていた照子さん。ハゼが捕れる場所も、作り方も、全部身についている。榊夫妻はその年、新設された焼き場で50連（700匹）の焼きハゼを作った。

ジタバタしない、女子どもにやさしい魚

再び長面の海へ話を戻そう。

取材の際に、漁師さんに「船に乗せてほしい」とお願いすると、女人禁制だったり、「よそ者が乗ると魚が減るから」と、同乗を断られることがある。ところが、榊さん夫妻はひとこと、

「うちは取材の人が乗ると、よく釣れるから大丈夫」

社交辞令かと思ったら、どうやら本当らしい。この年は例年よりハゼが少ないと聞いていたのに、網を上げるたびにかかるハゼの数が増していき、カゴの底がみるみるうちに見えなくなっていった。同じ網に、カタナギ(ギンポ)、アイナメ、シャコもかかってきた。周囲から人家と人影が消えても、この小さな海には、ちゃんと魚たちが生きている。漁に出るとそれが伝わってくる。

「今日は大漁ですね」

と、私が言うそばから今度は甲羅の平たいワタリガニもかかった。すると正吾さんがおもむろに木槌を取り出して、カニの甲羅を〝グワシャ!〟と叩き割り、海へ投げ捨てた。

「ええっ、もったいない」

と思わず叫んだが、ワタリガニは一緒に網にかかった魚を食べる嫌われ者らしい。

カゴがハゼでいっぱいになった頃、風が強くなってきた。波が立つと、小さな船が大きく揺れる。まだ網の水揚げは半ばだったが、ある地点を過ぎると、網にかかるのは枯れ葉ばかり。ハゼがほとん

どかからなくなっていた。

「ここでうち切ろう」と照子さん。

「んだな」と正吾さん。

息の合った2人は、地元石巻（旧河北町）の大川小学校の同級生。そんな幼なじみのご夫婦だが、ハゼ漁の主導権を握っているのは、ずっと父の乙男さんを手伝っていた照子さん。定年退職後に漁に加わるようになった正吾さんは、そのサポート役に回っているようだ。

海に出ていたのはわずか30分ほど。カゴいっぱいのハゼを乗せて、船は奥田シェフの待つ神社近くの繋留所へ戻ってきた。

「ううぅぅ、寒がったよお」と奥田シェフは凍えそうな様子で待っていた。

船を降りると、近くに地下水の湧き出る場所があった。照子さんはそこで魚をザルごと水洗いしながら、「神様の水で魚を洗うなんてね」と苦笑い。震災以来、長面には水道が通じていない。長面浦の周辺で真水の出る場所は唯一ここだけなので、「神様の水」。でも、きっと許してくれるはず。そんな水を口に含むなり、

「んー、喉と口に当たる感触がうちの店の水よりやわらかい。少し苦みも……硬度は60くらいかな。山のミネラル分も感じる」と話す奥田シェフは、まるで生きた硬度計だ。

人と集落が姿を消しても、周囲の山が大きなろ過装置になって、海辺で湧き出ている。自然の営みは止まらない。

映画「よみがえりのレシピ」の上映後の食事会で奥田シェフが作った「焼きハゼのコンソメにレンズ豆のリゾットと仙台セリの先っちょ」。久しぶりに焼きハゼを食べた人が涙ぐむ姿もあった（撮影／長谷川潤）。

仙台雑煮とハゼのコンソメ

実は奥田シェフ、一度この「長面浦の焼きハゼ」を、料理に使ったことがあった。

それは同じ年の3月、仙台市で開かれたドキュメンタリー映画「よみがえりのレシピ」の上映会でのこと（46ページ参照）。食事会で出すコース料理に、名取市の三浦隆弘さんのセリ、仙台市若林区の萱場哲男さんの仙台白菜と並んで、榊さんの焼きハゼも取り入れていた。

料理名は「焼きハゼのコンソメにレンズ豆のリゾットと仙台セリの先っちょ」。

「レンズ豆入りの洋風炊き込みご飯を作って、そこに焼きハゼのだしを加えた牛肉のコンソメスープをかけました。焼きハゼと相性がいい三浦さんのセリを加えて。仙台のお雑煮と一緒ですね。お雑煮の焼きハゼは、味を出し切ってしまいますが、ハゼに味を残して一緒に食べられるようにしました」

と奥田シェフが説明する。

前出の『ごっつぉうさん』によれば、「仙台雑煮」を作る時は、焼きハゼを水に入れたら、浸さずにすぐに15分ほど加熱してだしをとり、ハゼを取り出して醤油、酒、塩などで味をつける。もどした凍み豆腐とズイキなどを入れ、味がしみる程度に煮たら、下ゆでしたダイコン、ゴボウ、ニンジンを入れてさっと煮たあとに餅を投入。お椀にこれらを盛り、カマボコ、鮭の腹子、セリ、そして焼きハゼを盛りつけて完成。ハゼはお椀からはみ出すほど大きいので、焼き魚のように食べたくなってしまうが、だしをとったあとなので、正直あまり美味とはいえない。

一方、奥田シェフの使い方は違う。水から煮ずに、沸騰した熱いコンソメの中に、乾いたままの焼きハゼを入れ、短時間で引き上げる。

「お雑煮とは違う方法で、スープに焼きハゼの香りを移したくて。抜け殻ではなく、ミネストローネの野菜のように、ハゼにも味がありつつ、汁にもハゼの風味があるものを作りたかった」

この食事会で使った焼きハゼは榊夫妻から届けられたものだが、食事会に2人の姿はなかった。その希少さと来歴、被害の大きさと榊夫妻の痛手を聞くほど、「長面浦の榊夫妻を訪ねたい」と思うようになった奥田シェフ。9カ月後、ようやく長面浦の訪問が実現した。

焚き火を囲んで、焼きハゼ談義

てさらに多くの人が気づいていくのでしょう」

奥田シェフが、そんな話をしているうちに、照子さんが焼きハゼを焼き場から取り出して、「生きているハゼを焼くと、胸びれがピン！　と立つ。死んだハゼではこうはならなくて、ひれがペタッと寝てしまうの」

竹串をくるくる回しながら抜くと、口を開け、ひれをピンと立て、泳いでいるような姿の焼きハゼが現れた。まるで生きているよう。海のそばに焼き場がなければ、同じものは作れない。

「すっかり焼き上がってから回すと串がねっぱる（くっつく）から、その前にくるっと抜くんです」

焼き上がったハゼを机の上に並べ、慣れた手つきで稲わらの間に編み込んでいく。農家でトウガラシを吊るすのと同じ要領だ。榊さんの家では、米も栽培していたし、近くに米農家もたくさんあったので、以前は稲わらは容易に手に入った。しかし、津波は近くの水田にも押し寄せ、ガレキ撤去や圃場整備の作業が続いている。稲わらを手に入れるのも難しくなり、被害を免れた農家や、「スローフード宮城」のメンバーから譲り受けたものを使っている。

稲わらでつないだ焼きハゼを、焼き場の天井に吊るす。すると舞い上がった煙でハゼが燻されていく。これをおよそ1週間。べっ甲色の美しい焼き色は、こうして生まれるのだ。

「昔は家と焼き場がつながっていたから、ススで家ごと真っ黒になっていました。押し入れを開けても煙の匂いがした。家中燻製にみたいになっていました」

と、照子さんがなつかしそうに話した。

災害危険区域に指定されても、人は戻っている

２０１２年12月1日、長面浦周辺は「災害危険区域」に指定された。つまり、住宅の新築や増改築ができない。日中の出入りは可能だが、自分の家であっても寝泊まりできない。

だから長面浦の漁業権を持つ漁師たちも、海辺に作業小屋を建て、車で20〜30分離れた仮設住宅などから通いながら漁業を続けている。

ハゼと一緒に煙に燻されながら、焚き火越しにたずねてみた。

「これからどんなふうに、焼きハゼの技をつないでいきたいですか？」

「通いながら作るのは本当に大変なんです。でも、長面に戻って住みながらなら、私たちもあと10年は続けられると思う。ここにいながらなら、まだまだやるよね？」と照子さん。

「うん」と応える正吾さん。

周囲の家は取り壊されてしまったが、海の中は再生していて、牡蠣は1年でよその産地の「3年もの」に相当する大きさまで成長するという。13年秋には牡蠣の出荷に欠かせない、加工処理施設もできた。14年9月には長面の住民たちが集う「長面番屋」が完成した。近くで漁家民宿を営んでいた「のんびり村」は、日中だけ外部の人を受け入れるようになり、残された建物には、ようやく水道も通った。依然として長面浦に住むことはできないが、徐々に人の気配を取り戻そうとしている。

長面浦から船で外洋に出れば、夏場は立派な穴子やヒラメ、ホシガレイなども獲れる。「豊饒の海」

であることは、以前と変わりない。それを聞いた奥田シェフが、「誰か、この焼き場の近くに、いけすつきのレストラン建てればいいんでない？　それくらい、この焼きハゼを焼く光景はすばらしいから。朝、漁をして、昼だけ営業する。そんなスタイルがいいと思う」と話していたくらいだ。

照子さんは、震災当初はこの海を目にすることがつらかった。だけど、残された船で漁に出て焼きハゼを作るうち、いつしか笑顔を取り戻していた。不自由な環境の中、他の漁師も漁を再開しているし、日中だけ戻っている住民や、釣り人の姿も見える。大きく傷つきながらも、海と一緒に少しずつ、人の気配が戻ってきているのを感じる。

「海の側にこういう焼き場さえあればできるんだし、『食べたい』って人がいれば、そのうち『長面で焼きハゼやりたい』って人、出てくるんでない？　だってここにせっかく、ハゼはいるんだから」と照子さん。

14年の冬もまた、2人は海へ出ていた。電話越しに「注文が多いから大変だぁ」と話していた。たしかに焼きハゼを作れる人は減っている。名人といわれた乙男さんや、娘の照子さんのような焼きハゼを作れるようになるのは、容易なことではない。だけど、特殊な船や高価な機械がなければとれない魚ではない。

おいしいもので大切な誰かを笑顔に——そんな食の営みの原点を、みんなが自然に取り戻していけば、継承者はきっと現われる。なぜかそう思えてきた。

榊さんの活動の様子は「スローフード仙台」のフェイスブックで見られます。

[座談会] 料理人と生産者

東北の「食」と「農」を語ろう

震災以前から地元の素材に注目し、生産者とつながって全国にＰＲしてきた伊藤勝康シェフと奥田政行シェフ。早くからホロホロ鳥の飼育という特化した農業に取り組み、全国に顧客を持つ石黒幸一郎さん。「食」と「農」の当事者である３人が、現状とこれからの希望を率直に語ります。

震災時、僕たちは何をしたのか

炊き出しにいかなくては！

――奥田シェフと伊藤シェフは震災以前から面識があり、伊藤シェフは石黒さんが育てるホロホロ鳥を使うなど旧知の関係ですよね。奥田シェフが山形、伊藤シェフと石黒さんは岩手と、みなさん東北在住。東日本大震災では自分たちも被災しながらも、伊藤シェフの「ロレオール」を拠点に炊き出しを行なうなど、積極的に支援をしていました。奥田シェフは震災の翌日にはもう、被災した石巻市に入っていたそうですね。

奥田政行（以下、奥田）　はい。3月11日は鶴岡の「アル・ケッチァーノ」にいました。スタッフの高橋博くんの奥さんと赤ちゃんが実家の石巻市の雄勝に帰省していて、連絡が取れず、消息がわからなくなってしまった。「もうダメだ」と彼が泣いていたんです。

「それじゃ、探しに行かなくちゃ」と、車に紙おむつとカップラーメンをぎゅうぎゅうに詰め込んで、2人で宮城県へ向かいました。仙台市内は停電で真っ暗。まるで廃墟のよう。コンビナートではオイルタンクが爆発していました。カーナビも機能しないので、車の窓から手を出して、毛穴で海の方向を探した。川に葦が生えていれば、「海が近いぞ」。そんな動物的な本能を頼りに、雄勝へたどりつきました。そうして海岸で舟に乗り込もうとしていた家族を見つけ、鶴岡へ連れて返ったんです。

――その時、伊藤さんのお店はどんな状態でしたか。奥州市は内陸ですが、物理的被害はありましたか？

伊藤勝康（以下、伊藤）　このあたりは震度6弱。町中もうひどい状態でしたけど、うちの店もお皿やグラスが思い切り割れ、天井裏の配管が壊れて店中水びたしでプールみたいな感じ。一晩中水をかき出していました。

片付いてもやることはないし、お客さんは来ないし、停電で食材は悪くなるばかり。奥田くんに電話して「何してる?」って聞いたら、「炊き出しの準備してますよ」と。「俺もしてるんだよね。じゃ、一緒に行こうか」。

奥田　鶴岡の店に戻って「みんな大変だ。これは炊き出しに行かなくちゃ！」。でも、ここで料理を仕込んで沿岸部まで運ぶのは遠すぎる。これはもう伊藤さんのところへ行くしかない、と思いました。「仕込みをさせてください」。そしたら「おお、やろうぜ！」。離れていたウルトラ兄弟が再会したみたいでした。

伊藤　ハッハ（笑）。そのたとえ、おかしいね。

――石黒さんは？　ホロホロ鳥はどんな状況でしたか？

石黒幸一郎（以下、石黒）　僕は花巻なんですが、目に見える被害は、とくにありませんでしたが、停電が4日間続きました。最初はガソリンも灯油もなくて困っていて、次に鳥たちのエサがないことに気がついた。取り寄せようとしたら、まったくなくて。鳥の飼料は、ほとんどが外国産なので、港にあるんです。東北では八戸と石巻に基地があって、うちは八戸から入れていたんですが、どっちも被災して入ってこない。たまたまうちは飼料用米や雑穀も使っていたので、なんとか殺さずにすんだんですが、他の養鶏場では、エサ不足で何万羽も処分したところもありました。

伊藤　あの時は本当にひどかったね。

伊藤勝康

1963年、千葉県市原市生まれ。出張料理人として岩手県内のさまざまな素材と生産者に出会った経験から、地産地消を掲げ、レストラン「ロレオール」（奥州市前沢区）で腕をふるってきた。2011年、料理マスターズ受賞。新プロジェクトのために前沢の店を14年7月に閉め、15年春より始動予定。

ロレオール

http://laureole7.com/

石黒　牛は少なかったけど、豚と鶏は、みんなそうでした。うちの農場では、地震のショックで親鳥が卵を産まなくなってしまった。生きてはいるけれど、ぜんぜんヒナが産まれない状況が長く続きましたね。普段は生後120日で出荷していますが、エサがないのでそれまで待てず、震災の年は70日くらいで出荷することになってしまった。「それじゃダメだ」と4カ月ほど出荷を止めたので、出荷数が例年の半分以下に。あの時に「エサを何とかしなくちゃ」と思いましたね。やっぱりできるだけ地元産のエサの比率を上げたい。

――国産飼料の比率を高めておけば、緊急時にもリスクを回避できると。

石黒　はい。ただ値段との兼ね合いもあるので、難しいところです。うちぐらいの規模(1万羽前後)でも、1日700kgくらいエサを食べるんです。自分のところで作る量では、全然足りない。震災直後はくず米やぬか、雑穀なんかをもらってきて、与えてましたね。

ロレオールが炊き出しの拠点に

――奥田さんが、最初に炊き出しに行ったのはいつでしたか?

奥田　3月18日。宮城県南三陸町の歌津中学校に行ったのが最初だったと思います。

――なぜ歌津中へ?

奥田　当初は、被災地へ炊き出しに行きたくても、なかなか車両許可証が出なかったんです。最初に取れたのが、南三陸町と友好姉妹都市である庄内町の許可証でした。ガソリンもそれがあると入れられた。庄内町は小さい町だから、対応が早かった。伊藤さんに「歌津中に行きますよ」って言ったら……。

伊藤　俺には、許可証が全然出なくて。警察や県、市に申請しても「一週間かかります」。「地元の料理人が炊き出し行くっていうのに、なんで山形の奥田に許可が出て、俺に出ねえんだ!」。もう、怒っちゃったもんね。

――その頃、石黒さんは?

石黒　最初の混乱が落ち着くと、宅急便も止まっていたし、本当に何もすることがなかった。でも出荷待ちの肉はいっぱいあって。前沢牛もそうでしたね。

石黒幸一郎

1966年、岩手県花巻市生まれ。父の代から、日本で唯一ホロホロ鳥を専門に飼育する「有限会社石黒農場」の代表取締役。ホロホロ鳥はフランス料理に欠かせない家禽で、やわらかく上品な旨みが全国の料理人に支持されている。また、循環型農場を目指す一環で、米の生産にも力を入れる。

石黒農場

岩手県花巻市台1-363
☎0198-27-2521
http://www.ishikuro-farm.com/

伊藤　最初の頃の炊き出しは、前沢牛のカレーばっかりだったな。オガタさんって前沢の肉屋さんなんですが、そこもすごかった。「カレー作るのに分けてもらえませんか」と言ったら、カレー用の肉以外に冷凍のすき焼き用やステーキ用の肉を8ケースも持ってきてくれた。

――贅沢なカレーですね。

伊藤　そのうち炊き出し先でも「このカレー、前沢牛ですか?」って聞かれるようになって。「そんなにないっすよ」って(笑)。

――石黒さんも沿岸部へ支援に行っていたんですよね。

石黒　伊藤さん、奥田さんが炊き出しであちこち回っているのを知って、何かできることはないかな? 料理はできないけど、車の運転手ぐらいはと運転手を買って出たんだけど、いつも迷子になって怒られてました。

伊藤　だって石黒さんは、すぐ道を間違うんだもの。地元の人なのに。

石黒　どこへ行っても方向音痴なんです(笑)。

――避難所での炊き出しは、どんな様子でしたか?

奥田　最初はひとつの体育館に400人とか500人と

か避難していて、まだみんな、ザワザワしていた。

伊藤　「夕食を作りにいく」と言っても、3時頃には食べ終わっているんですよ。最初は1日2食。電気がないから夕方には寝てしまう。持っていったものを置いてきたこともありました。

――2人で炊き出しを続けるうちに、ウワサが広まって、ロレオールが全国の料理人の被災地支援の拠点になっていきましたね。

伊藤　みんな炊き出しに行きたいけど、どこに行けばいいか、何を持っていけばいいかわからないから、俺が窓口になって。東京からいろんなシェフがやって来るようになりました。「せっかくだから夕食と朝食も作りたい。だから現地に泊まりたい」と言ってくれるんだけど、被害が大きいところはトイレの問題もあるし、「現地には泊まれません。炊き出しが終わったら、とにかくうちの店に戻りましょう」と説明して。

炊き出しを終えてこの店に戻ってくるのは夜遅く。疲れていて眠いけど、無理矢理まかない作ってみんなに食べさせていました。

奥田　それがおいしいから、料理人同士でまた話に花が咲いちゃって。

伊藤　ここから沿岸部まで1時間半かかるから、次の日また朝の4時ぐらいにここを出なきゃいけないのに。奥田くんから、夜中の12時に電話かかってきて、「今仕事が終わったから、これから行く」と。これからと言っても、着くのは朝の4時か5時。それからみんなで仕込みをして、沿岸部に向かう。

石黒　東京の料理人チームも、みんな徹夜でここまで来て、着いたらそのまま仕込みんですもん。

伊藤　だいたいここで一泊してね。仕込みというか、料理はここで完成させてしまう。向こうには何にもないんでね。それこそ水ひとつないから。温めればいいだけにして出発していました。

奥田　前の日が僕で、次の日が「オーボンヴュータン」の河田勝彦シェフが来るなんてこともありました。河田シェフが僕に「伊藤シェフ大丈夫か？」って聞くほど、伊藤さん、ロレオールでロレロレになっていた。

伊藤　ホントもうロレロレだった(笑)。必死だったし、でも不思議と力が沸いたな。

早く作って、サッと帰るのが基本

——炊き出しの食材は、どうしていたんですか？

奥田　最初は救援物資もいっぱい届いていたし、僕の場合は地元山形の生産者の方に材料を提供していただいてたんですけど、回数を重ねるにつれ、僕も自腹を切って買い集めるようになりました。

石黒　避難所には、食うのに困ってる人が大勢いて、その数百人分の料理を、主婦のみなさんが3食作っているんです。あれはものすごいプレッシャーだったと思います。それを料理人さんたちは、いとも簡単に作ってしまう。どれだけ喜ばれていたかわかりません。でもシェフたちには、ギャラが出ない。せめて食材費だけでも出してもらえないかと議員さんに訴えましたが、結局叶わなかったですね。

奥田　それと僕は、現地に届いたものを勝手に使うようになりました。だって、支援物資がいろいろ集まってくるのに、みんな腐らせてしまっている。たとえば400

奥田政行

1969年、山形県鶴岡市生まれ。「アル・ケッチァーノ」の営業のかたわら地元庄内の食材に目を向け、販路拡大や伝統野菜の復活に力を入れる。東日本大震災の際は、伊藤シェフと何度も被災地に足を運び、炊き出しなどを行なった。2014年に"福島 食の復興"がテーマの「福ケッチァーノ」を郡山に開業した。

アル・ケッチァーノ

P256参照

人いる避難所に材料が200人前しかないと、ずっと使わないんです。人数分ないからと。で、かたや捨てている。「これ、使っていいですか?」と事務局に聞くと「ダメです」って言われるので「勝手に使っちゃえ!」。そんなこともありましたね。

石黒 ある避難所で「牛乳が足りない」と言うと、全国から大量の牛乳が届くんです。すると今度お母さんたちは、余った何百本もの牛乳の処理に困る。そんな時、奥田さんはそれを使って日持ちのするチーズを作る。そんなことができるのは、料理人さんだからです。

伊藤 避難所によって、まったく状況が違う。こっちへ行くと野菜がいっぱい。あっちへ行くと缶詰だけ。陸前高田は水が全然なかったから、野菜はいっぱい届くのに、それを洗えなくて。

石黒 ハムとか、とんでもなく積んであるのに、使えなかったこともあったね。

伊藤 炊き出しをしているのはみんなボランティア。彼らも被災者なのに、必ず文句を言う人がいたり……。

奥田 避難所がまとまりないなと思ったら、フライパンの底をお玉で叩いて「はい、みなさん!」って「カンカンカンカン!」と鳴らすと、こっちを見てくれる。なるほど鳴り物って大事だなって思いました。

——どこに炊き出しに行くか、どうやって決めていたんですか?

奥田 伊藤シェフが選んだところへ、一緒に行っていました。

伊藤 岩手県の振興局の人とかに聞いてから行くようにしていました。でないと逆に迷惑になったりするので。避難所にいきなりポッと行くのはね。

石黒 避難所では、前の晩からお母さんたちがメニューを考えているから、そこへ突然シェフたちが炊き出しに行くとみんなかえって気を遣うし、お母さんたちのプレッシャーにもなるので。前もってアポとって、「何月何日の夕食で何人分必要か」を確認して行かないと。

奥田 行って迷惑にならないように。本当にその避難所に必要なものを、と考えていましたね。

——自己満足って何ですか。

伊藤　マスコミを連れて一回だけ来て、そのあとは一度も来ないとか……。いろいろ問題が起きて、陸前高田などは、早い時期から市が炊き出しを全部断っていた。

奥田　うん。

伊藤　小学校に避難所があるとして「300人分の炊き出しをやる」と伝えて出かけていったのに、本当に必要としている人がいる学校の中じゃなくて、手前の門で炊き出しをやってしまうとか。そこに駆けつける人は、困ってないんですよ。そういう情報を携帯電話で得られたり、車を持ってる人だったりするから。本当に困っている人は、車も携帯もない。学校の中では300人が空腹で待っているのに、本人は「やった。終わった」と帰っていく……そんなことがあちこちで起きていました。

一番よくないのは、駅前で炊き出しをやること。たまたま通りがかった人は、食べられるけど。「駅前で今、炊き出しやってるよ」って車を持ってる人はすぐ来られるけど。徒歩で向かった人がたどり着く頃には、もうないから。同じ地区内でも格差というか、結構いざこざが起きていました。

奥田　なるべく向こうへ行ったら、スピーディーに作って、さっと帰ること。

伊藤　自分たちの分は、ないっすよ。どこかコンビニでも……って電気ついてないじゃん。店に帰って来るともう夜の11時過ぎとかでしょう。「腹減ったなあ。あっ、全部材料使っちゃったよ。俺たち食うもんないじゃん！」なんてこともありましたね(笑)。

卵はホッとする。ショウガは勇気が湧いてくる

――避難所では、どんな料理を出すんですか？

奥田　いろいろ作りました。乾麺のパスタをコンソメスープに浸けたまま密閉容器に入れて持っていくんです。現地で先にコンソメだけを火にかけて、ぐわーって沸いたところへパスタ入れると30秒でゆで上がる。これは海外の料理大会でそばをゆでた時の方法なんだけど、水も火も足りない場所で、苦肉の策の「パスタのコンソメ漬け」でした。そして、そこに卵を落とすと、みんなほのぼのした気持ちになる。

――表情でわかりますか。

奥田　卵ってお母さんの味。寒い時とか、肉体労働して疲れた時とか、カツ丼や親子丼を食べると、ホッとするでしょ。卵とショウガは、生きる力を与えてくれます。ショウガは勇気が出る。炊き出しには、単なる屋外調理とはまた別の心得が必要なんだと思います。

――炊き出しには、何回ぐらい行かれましたか？

伊藤・石黒・奥田　(口を揃えて)覚えてない。

伊藤　50回くらいまで数えたけど、途中でやめました。

――いつぐらいまで続けたんでしたっけ。

伊藤　俺は、もう8月ぐらいでやめたかな？　その頃には、地元の人たちが商売を始めていたから。

石黒　やっとスポンサーがつき始めた頃には、沿岸部の料理屋さんが営業を再開し始めたので、炊き出しは仮設住宅など限られたところになっていきましたね。

伊藤　炊き出しをして思ったのは、地域のコミュニティがしっかりしてるところは、震災のあとも大丈夫ということ。ところが、仮設はバラバラの地域から人が集まってくる。だから、コミュニティを作るひとつのツールになればと、料理教室を始めました。8月から料理教室と炊き出しを組み合わせて。それも暮れ頃から料理教室だけに。今は、小さな仮設住宅で集中的にやっています。

――伊藤シェフはなぜそこで？

伊藤　大きい仮設住宅には、歌手とかタレントとか炊き出しもいっぱい来る。一方で、ぜんぜん来ない所もあるんですよ。

だんだん「寿司食べたい」「肉食べたい」

奥田　だんだんこちらも聞くようになりましたね。「次は何が食べたいですか？」って。

――一番喜ばれたのは何ですか？

石黒　ハンバーグ。それと奥田さんは寿司握ってました。

奥田　ハハハ(笑)。

伊藤　あれ、やめろって言ったのに(笑)。夏前に、ある避難所でノロウィルスが出たんですよ。みんな疲れてるじゃないですか。そのタイミングで奥田くんが「陸前高田で寿司やりたい」なんて言うもんだから、「お前、新聞見てないのか。やめろ！」。

――なんでまた、寿司を。

奥田　そこの人たちが、震災以降一度も魚を食べていなかった。沿岸部で毎日魚を食べていたのに。

――魚はどこから?

奥田　庄内から運びました。全然大丈夫でしたよ。

石黒　すっごい喜んでましたよね。「津波が来てから、初めて食べた」って。

奥田　伊藤さんが「本当にお前、寿司握れんのかよ」と言うから「握れますよ。ほら」って。そうしたら「お前がやれるなら、オレもやれる」なんて(笑)。石黒さんのホロホロ鳥もいっぱいもらったから、グリルしたり。

伊藤　あれ喜ばれたよね。陸前高田行って。鳥を焼くにおいがね……。

避難所から男の子がお父さんと店に遊びに来て、「肉が食べたい」って言われて。焼いていたら、みんな身を乗り出してにおいを嗅いでいる。女の子が俺が焼いてる目の前まで来て「いいにおいだぁ」って。その時に思った。やっぱり〝香り〟って大事だな。

奥田　一般のボランティアの人の炊き出しでは、カレーとかラーメンを作ることが多いから、同じものはやらなくなったと思う。トイレが近くなるから、味付けは辛くしないようにしようとか、消化の悪いものは、途中から出さないようにしたり。生野菜とかフルーツが入ってきたり。その時その時で、どんな問題が起きるかわからない。避難所ごとに形を変えて、臨機応変力がないとダメですね。

石黒　本当にそう。料理人さんは行く先々の避難所の人たちの様子を見て、ちゃんと栄養のバランスを考えて料理していました。まるで医者のようだった。全国から来るボランティアさんが、おむすび2個とかで頑張っているのを知ってからは、ボランティアさんにも、あたたかい料理を出していましたね。

伊藤　現場に足を運ばないとね。たった一週間でもどんどん状況は変わってくるから。

奥田　連絡を取り合ってから行ったところでも、「あれ?来なくてもよかった?」みたいな感じで引き上げた時もあったなぁ。

伊藤　そうだったね。

石黒　いや、でも料理人さんって、本当すごいと思いました。目の前にあるもので、料理を作っちゃうんだもの。

東北の食と農の未来を語ろう

どうなる？ 東北の農業

――このあたりで話題を変えましょう。みなさんの仕事を支える、農業をはじめとする一次産業や「食」のこと。震災を経験して、これから東北の、日本の農業は変わっていくと言われていますが、実際どうなると思いますか。まず、生産者である石黒さんに聞きたいです。

石黒 うちはホロホロ鳥の養鶏と稲作をしていますが、生産者としては、耕作放棄地の解消と、米余りによる減反政策と、相反する政策があります。減反は、岩手県では4割の水田を転作しなければなりません。

また、今、日本の食糧自給率を下げている要因のひとつは輸入飼料を使用している畜産業なんです。育てれば育てるほど飼料が必要なので、自給率が下がってしまう。本末転倒ですよね。これは個人的な意見ですが、耕作放棄地や減反田に家畜の飼料を植えればいいのではないか。うちは6軒の農家さんと契約して、ホロホロ鳥の飼料用の米を作ってもらっているのですが、ただ、補助金なしではかなり難しくなってしまいます。

――TPP（環太平洋経済連携協定）については、いかがですか？

石黒 正直なところ、TPPについてあまり考えていない生産者も多い。ずっと「誰かが守ってくれる」と思ってきたから。平成25年度に、専業農家と農業に関わる機関の人の数が逆転してしまいました。農水省や地方行政の農政課の人、農協、農業共済組合、土地改良区の職員のほうが、生産者より多くなってしまったんです。構造的にいびつですよね。個人的な意見ですが、一度「農」を解体させてもいいのでは、と思います。

伊藤 （座談会を見学していた奥州市江刺区の若手農家・佐藤章昭さんのほうを見て）お前のじいちゃんは、なんて言ってる？

佐藤章昭（以下、佐藤） うちのじいちゃんは、「やるべきことをやっていくだけだ」と言っています。そんなに右往左往してないです。

奥田　経済主体の流れに巻き込まれなければいい。

――「大変だ、大変だ」と言っているのは、生産者ではなく、行政や農協の人だったりすることが多いとか。

石黒　そう思います。

奥田　恐怖心を煽って儲けようとするのは、鉄則なんです。TPPの場合も、そこにつけ込もうとする経済界が存在する。僕が危惧しているのは、地産地消で作っているものを、国際法でダメと言われる可能性もあること。

伊藤　たとえば、地元の食材を使って地産地消の給食を作ろうとした時に、アメリカの輸出の妨害になると言われてしまったら？　彼らは裁判してなんぼだから。

奥田　そこで「すいません」とか言っちゃうと、負け。日本人は、「すいませんと言える大人になりなさい」と育てられている。ところが、そういう日本人の美徳につけ込まれる。TPPはそれが一番怖いです。日本人ならではの「暗黙の了解」とか、「あうんの呼吸」とか、海外からみればつけ入るスキがいっぱいあるから。

伊藤　もちろん、地元でも「なんとかしなきゃ」って意識はあるけど、外部の人に「ああしたほうがいい、こうしたほうがいい」と言われると、情報過多になって、どれを選択していいかわからなくなっちゃう。ほとんどの人は農業でも漁業でも、簡単な一次加工までしかやってないから、ノウハウを積んできていない。指導に来る人たちが「こうやったら、ものは売れるよ」って言うのもわかるんだけど、いきなりは無理なんです。あとこちらは、なんでも「やってもらえる」という風潮が強いから、すごく。

石黒　自分でなんとかしようという人は少ないと思います。ずっと代々守られてきているから。それに、声を上げればじいちゃんたちにつぶされちゃう。

伊藤　自分で始めた人間と、代々続く老舗の人の違いはあります。

　だって土台があるんだもん。初期投資が違う。農業でいえば、もし新規参入者が一町歩（3000坪）の土地を買って、機械や設備、納屋も揃えて農業を始めようとしたら、1億円はかかるよ。これでは、いくら農業やりたいという若者がいてもとても無理。中途半端な層を手厚く保護するなら、新規の就農者に金を回してほしいよ。でも、政治家は票がほしいから……。

石黒 悪いところは、みんなわかっていますよ、昔っから。わかっているけど、自分たちに何らかの恩恵があるから票を入れるわけで……。変わりづらいと思うな。

変わる価値観

伊藤 だけどひとつ確実に変わっているのは、ものごとの価値観。大震災以降、生産者も消費者も、だいぶ変わってきていると感じます。しかも大きく。

奥田 うん。

伊藤 震災をきっかけに結婚する人が増えたね。

奥田 うちのスタッフ、1年で5人くらい子ども産まれました。その前の年は4人で。出産ラッシュです。「えっ、お前もか！　お前もか！」って。

伊藤 やっぱり人間も動物なんですよ。種の保存がまず大事。「悲しい」とか「寂しい」とか「誰かと一緒にいたい」とか。それは最終的には種の保存ですよ。

――本能ですね。理屈じゃない。

伊藤 それまで感度が落ちていたんだと思う。食品の偽装問題にしても、価値観のわからない、自分で判断できない人が、高いものを買って騙されている。今の子どもたち、賞味期限が来る前に捨てちゃいますよ。ものが腐った状態を見たことがないから。本当なら、それ自体が動物として、大きなリスク背負ってるわけじゃないですか。震災以降、そういうことに、少しずつみんな気がついてきている思う。料理教室やっていても違いますよ。

――どんなふうに違うんですか？

伊藤 「ものが腐ってるか腐ってないか、区別できないのは大変なことですよ」って話をすると、それまでと耳の傾け方が違う。みんな真剣に聞いてますよ。食べものや冷蔵庫がない不便な暮らしを経て実感しているから。

仮設のおばちゃんたちに南部鉄器でご飯を炊いたら、「これいいね」って。「震災の時にあれば便利だった。南部鉄器は1個買っとくべきだね」とか。

震災の前と後では違う。食は命と直結していることに気がついたってことは、大きいと思います。

奥田　歌手の八神純子さんとある小学校に行った時に、200人ぐらいの子どもたちに、八神さんが聞いたんです。「大人になったら、お医者さんになりたい人は?」そうしたら3人手を上げた。「私みたいに、歌手になって、みんなを喜ばせたい人は?」では10人。「では、奥田さんみたいに料理人になりたい人」って聞いたら、わーって手が上がった。

伊藤　みんな、お前に気を遣ったんだよ(笑)。

奥田　よっぽど食べものが大事だと(笑)。

石黒　嬉しいですよね。料理人になりたいなんて。

伊藤　嬉しいよ。俺ね、小学生の男の子が、前の日から仕込みをして「ひっつみ」作ってくれたの。ひっつみってすいとんみたいな料理。すごい旨かった。その子が「料理人になりたい」と言うわけ。そしたら先生が「あの子は母子家庭で、いつもお母さんに料理作ってるんです」って教えてくれた。

石黒　いいねえ。

伊藤　俺はよく冗談で、「うちは財産もないし、金も残さないから、息子には食べものがなくても、その辺に生えてるものでとりあえず生きていけるように、ということしか教えられない」って言うんだけど、今はそういう話をしても、ちゃんと理解してくれる。やっぱり震災で、お母さんたちが食糧争奪戦でスーパーに並んだりしたわけでしょ。電気もお風呂もない、あの体験は大きい。価値観がリセットされたんだと思うよ。

じいちゃん+孫農家が増えている

伊藤　農業に関していえば、岩手に限らず、佐藤くんみたいな30代の専業農家さんが増えている。しかも、じいちゃんと孫が一緒になって、規模を拡大してやっているケースが結構多い。親子だと衝突するけど、じいちゃんは孫の言うことだと聞くみたいで。

佐藤　親子だとぶつかりますよね?

石黒　俺なんかいい年してまだダメだよ(笑)。

——孫はじいちゃんの言うことには素直に耳を傾けるし、じいちゃんは孫がかわいいから、なんでも教える。その関係がいい感じで進んでいますよね。

佐藤　はい。たしかに全体としては農家は減っているけれど、僕らの親世代や、定年就農の人も多いんです。

ただ、これまで日本の食を支えてきた昭和ひと桁のじいちゃんたちの世代は、同級生の農家がいっぱいいるんですが、僕たちも、僕の親の世代にもそれはないんです。意識的に農業を選択し、専業でやっている人は、本当に数えるほどしかいない。だから集約されていくのはしょうがないと思います。

伊藤 俺は、この場所で「レストラン マルシェ・リレーション(レストランと市場をつなぐ)」というイベントを定期的に開いています。店内に佐藤くんのような地元の若い生産者が作った野菜を並べて、ランチを食べたあとに見てもらう。

佐藤 ランチ食べて、マルシェを覗く。お客さんが帰りにうちの野菜を買っていくんです。

伊藤 最初は売れなくてもいいんですよ。というのも、若手の農家の子たちは、始めたばかりで顧客が少ないわけじゃないですか。野菜を作れるけど、売れない。それが一番大きな問題で。農協に系統出荷する際には規格がどうだとか……そうじゃない視点を求めている子もいるわけです。彼らが活躍できるステージが必要なんです。

とくに岩手の場合は、県土は広いけど人口が少ない。いずれは東京とか大きな市場で売っていくにしても、地元の売り先は必ず必要になるわけだから、その機会をどうやって作るか。農業系のイベントをあちこちでやってみても、実際の消費者までなかなかつなぎきれないんです。だから、小規模でいいから「マルシェ」と名付けて生産者を呼んで、お客さんと話をする機会を作ろうと。

――伊藤シェフが一人でやっているんですか。

伊藤 今はうちの店だけでなく、盛岡のレストランにも声をかけて、協力してもらっています。それをどんどんつないでいき、俺は情報を一元化したいの。そして生産者のデータが蓄積していったら、県に売ろうと思ってる。「岩手には、こういう生産者がいますよ」と。それによって生産者が活躍できるステージを作っていきたい。やってみて一番大変なのは、生産者を探すこと。岩手のどこで、何をやってる生産者がいるのかを調べることだね。

一方で、協力してくれるレストランの情報も一元化してあげれば、生産者は自分の野菜の売り先を選べるし、連絡もつけやすいじゃない?

——岩手の人たちは、自主的につながってきたんですか?

石黒　いや、伊藤さんが歩き回ったんだ。間違いなく。あちこち歩いて情報を集めていたんだと思います。

若手、子ども、次世代のために……

伊藤　俺自身、震災後大きく変わってきましたね。今まではわりと、「自分のために」「この店のために」という意識が強かったと思います。でも震災後、応援や復興イベントなどで、第一線で活躍しているいろんな料理人と話をさせてもらうなかで「そうじゃないな」と。

元ロイヤルパークホテルの嶋村(光夫)ムッシュに言われましたよ。「お前いくつになった?」「50です」「これからは世の中にために働け。お前の作る料理は、世の中の人のためになるものにしろ。自分のためだけにやってちゃダメだ」。こんこんと言われて、「なるほど」と。

最終的に「コリドー」を作るためのパーツはいっぱいあるんです、この周辺には。

——コリドーとは?

伊藤　「コリドー」は「回廊」の意味ですよね。北上山系のいろんなものをつなげる。人の流れを変えて、人を動かしたい。今、俺がいる内陸の奥州市から沿岸部まで、車で1時間半~2時間かかるんですが、北上山系の上に道を通すと、たとえば江刺から気仙沼をつなぐと、1時間ぐらいで行けるようになって人もモノも流れがずっとスムーズになっていくんですよ。

北上には「リニアコライダー」の計画もある。実現すれば、岩手に外国の研究者たちも入ってくるんですよ。

——リニアコライダー?　いつ実現するんですか。

石黒　世界最先端の素粒子実験施設で、地下深くに全長30キロ以上のトンネルを掘って作るんです。実現するのは10年後か、20年後か……わかんないですね(笑)。

伊藤　それはともかく、自分も3年ぐらいかけて実験してきたんですよ。岩手の食材をフランス料理のシェフたちに紹介するんだけど、彼らは築地を見ている。だから、こちらは築地に並ばない、地元にしかないものばかり持っていくの。すると、「これはどこにあるんだ。築地か？」「築地になんかないよ。見たけりゃ岩手まで来いよ！」ってなるでしょ。

日本人にしかできないことってあるんですよ。農業の場合は、少量多品目をけっして大きくない圃場で作るとか。ＴＰＰで海外の単品目の大規模農家と勝負してもかなわないけど、手をかけた野菜づくりは、やっぱり日本人しかできないから。最終的に俺は、世界中に発信できる岩手の食材を作りたい。でも、それにはお金がかかる。５年くらいかけてじっくり企画書を作って、いろんな人に話をして、国の予算がつくくらいにするか、ファンドを募るか……。

その前哨戦として、今度六本木のレストランでイベントやります（編集部注・２０１４年２月に開催した商談会「サロン・デュ・イーハトーブ」）。短角牛、仔牛、仔羊、豚、乳製品、ワカメ、しいたけ、在来野菜、水産品とか、岩手県の魅力的な食材を集めて、都内の料理人やバイヤーの方に来てもらう。もちろん生産者もその場にいて試食を用意して。ただ素材を並べるだけじゃなくて、オープンキッチンがあるから「食べたい人は自分で料理してください」と。俺もそこで料理します。

狙いは、料理人にその場で試してもらったうえで、評価してもらうこと。たとえば銀座「レカン」の高良（康之）くんが、「俺はこの大根、１本５００円で買うよ」って言えば、その値段に決まっちゃいますから。彼らトップシェフには、それぐらいの影響力がある。彼らが相場を決めてくれたら、岩手でも「東京のシェフは、この値段で買ってくれる」と言えるんですよ。残念だけど、地元のホテルや旅館のなかには、どんな素材でもすぐ値切るところもあるから。

石黒　うーん……。

伊藤　一流の料理人に値付けしてもらうことで、岩手県内でも値段を下げられない理由を彼らから教わるわけ。俺だって話すことはできるけど、説得力が違うじゃないですか。そういう場で料理人やバイヤーときちんと話ができる若手の生産者を育成しているんですから。ただいま「しゃべれる生産者」を育成中です。

佐藤　あれ？　そうだったんですか。

伊藤　作戦に気づいていなかった？　俺が声かけるヤツに

は、ちゃんと意味があるんだよ。

佐藤　知らなかったです。

伊藤　そんなこと、いちいち言わないし(笑)。

石黒　やっぱり生産者も育たなきゃ。今までと一緒じゃ、みんな夢が見られないんだよね。

伊藤　それ必要だよ。

石黒　ちょっとでもいいから、夢を……。僕たち農家は、生まれた時からずーっと「農業ダメだ、ダメだ」って植え付けられてね。ちょっと変わったことしようとすると、すぐに周りからつぶされたり。自分も農協で総代(意思決定機関の代表)を10年やったんだけど、もうねー(笑)。何回発言してもつぶされちゃうから、40歳を機に「もうやめた！」と。

伊藤　俺なら組織ごと壊すけどな(笑)。

石黒　たぶん、どこも多かれ少なかれそういうところあります、農業って。外の世界の人からみたらごく当たり前のことも、組合員、農業者にとっては「異例なことだ」と、なかなか認められない。

――石黒さん世代はそうかもしれないけど、佐藤さん世代になるとどうでしょう。

石黒　世代交代も進むし、これからの若い世代ならおもしろいと思う。伊藤さんのように実際に野菜を使ってくれるシェフたちと交流する機会もあるし、みなさんに育ててもらわなきゃね。

伊藤　そう。既存の組織をどうにかしようとするより、若くて有望な人材を育てて、それを送り込んで変えていくしかない。それが一番早い。

俺の場合でいえば、料理塾をやりたい。「ホンモノの料理人を育てたい」という気持ちは、みんな同じだと思うんだよね。農業も漁業も経験して、どういうものかを知ったうえで、それから料理ですよ。炊き出しじゃないけど、「○○がなければ」じゃなくて、その場にあるものでおいしいものが作れるのが料理人じゃないですか。流通が止まって野菜が届かないから何も作れないなんて、料理人じゃないよ。

奥田　うん。それは調理人です。

シェフのレンタル移籍？

――野菜がなければ、野草を採ってきて何か作れ、と。

伊藤　「ソウルオブ東北」のシェフツアーにやってきた、「アニス」の清水将くん（東京・初台にあるフランス料理店オーナーシェフ）、彼はよかったなぁ。大船渡で魚の料理を作ったんだけど、皿に盛った時に飾るものがない。そしたら、ダーッて山に入っていって、野草を摘んできてフリット（油で揚げる）にして飾ったんだよね。やるなあ。

「住田町で、1年間シェフやってくれないか」と声かけたんだけど、自分の店をオープンしちゃった。彼はマルク・ヴェラ（編集部注・フランス人シェフ。「オーベルジュ・ド・レリダン」「フェルム・ド・モン・ペール」で三ツ星を獲得）の下で働いていたでしょう。飾りがなければ裏庭から野草を摘んでくる。ああいう男を、岩手に連れて来たいな。

石黒　しかも、カッコいいんだよ。

伊藤　清潔感あるし、人柄もいい。彼らはフランスで勉強してるでしょ。こっちの地元の子と一緒に働かせたら、お互いに勉強になる。1年いると、だいたいここの食材がわかるから、東京に戻って自分の店を開いても、確実に岩手の食材を使ってくれるでしょう。1年に1人として、10年経てば岩手のアンテナショップが全国に10軒できる計算。すごい安い投資じゃない？

――シェフの交換留学？

伊藤　ううん。レンタル移籍みたいな感じ。地方で食材を勉強したら、その人の料理人人生、絶対違うから。

問題はいかに岩手に呼ぶか。フランスやイタリアから帰国して、どこかのシェフをやって、独立するまでの1年が狙い目だな。帰ってきた、もしくは帰ってきそうな人を岩手にハントする。その情報は料理人仲間から入るんで。俺はまずそういうことをやっていきたい（編集部注・15年春より伊藤シェフはこのプロジェクトを始動予定。ある自治体にレストランを作り、1年かけて伊藤シェフが料理長としてベースを作ったら、招聘した若手シェフに任せ、自分は別の自治体に移り、同様に店を開く。第一弾は田野畑村。「5カ年5カ所計画」とのこと）。

奥田　ふんふん。

伊藤　そういうレストランがあったらいい。ホテルによっては今、料理人が育ちづらいでしょ。だって魚は全部、魚屋が3枚におろして持ってくるんだよ。「80gずつカットして」と頼めば、グラム単位で切り分けて。あれでは、料理人は育たないよね。そこを正さないと。

石黒　うんうん。

――地方のレストランの場合、1店でさまざまな需要に応えないといけないから、パーティーや宴会に対応するには一度ホテルで働いたほうがよいのでは？

伊藤　それも必要ですよ。だけど、ホテルの厨房は分業制だから、魚料理の担当になると、ほかの仕事は見えなかったりする。もちろん、本人の意識の問題もあって、たぶん奥田くんとオレは、同じタイプ。一見いいように使われてるふうでいろんな部署を見てるから、何でもできるんですよ。そういう人間は意外に少ないんですね。

奥田　とくに今は少ないと思う。

伊藤　ホテルでもレストランでも利益ばかり追求していると……社員1人にあとは全員バイト、なんていう現場もある。で、コンサルが入っていて「センターで衛生管理をしていれば100％大丈夫」とか、まるで給食施設のよう。肉が腐っているかすらわからないヤツが料理を出しているとか、危険だしおかしな話だと思うよ。

――消費者も安いものばかり求めていると……。

伊藤　安全でおいしいものを食べたかったら、消費者もやっぱりそれなりに対価を払わなきゃいけない。そろそろ、そのことに気づく時が来ている。じっと黙ってる料理人も悪いし、生産者も悪いんだけどね。言いたいことは言わなければ。一番問題なのは流通だと思うけど、そこが変わらないなら、俺たちがやるしかない。

農産物直売所の課題

――若い人にも聞いてみましょうか。ここしばらく道の駅など産直所が注目され、元気なイメージがありますが、佐藤さんもそういうところに野菜を出していますか？

佐藤　もちろんです！　僕が所属している江刺の直売所は、200人くらい組合員がいるんです。飽和状態と言われますが、僕は直売所にまだ可能性を感じていて。

岩手県内でも江刺は野菜、コメ、リンゴの一大産地。ブランド力があります。僕らのじいちゃん世代から築き上げてきたものがあるし、少量多品種でもやるし、農協とか地域の力もまだまだ感じていて、両方うまくやっていけば、地域ももっとよくなると思っているんです。

石黒　たしかにこれから淘汰されるとは思うけど、でも直売自体はすごくいいことだと思うよ。農家ってただ作って終わりなの。あとはその野菜を誰が買おうが、どこに卸そうが、まったく興味がない。でも直売だと、「どんな人が買ってるんだろう」とか「なんで隣の野菜が売れて、自分のは売れないんだろう」とか考えるじゃない？　そういう意味ではすごくいいと思う。

伊藤　でも、そのうちつぶれるところが出てくるよ。問題なのは、行政主導になっているとこ。俺のところに来ますから。自分たちで種蒔いておきながら、「こんな問題が起きてるから指導してくれ」と。

たとえば直売所を一軒作るじゃないですか。設備投資が1億円を超えると国の事業なんですよね。すると、小額だとしても、必ずその団体から持ち出しがあるわけです。事業計画上では採算とれるようになっているけど、現実はそんなに甘くないですよ。スタートした時は、勢いもあるしどこもいいんですよ。で、コンサルタントが入ると、百貨店に卸せる場合もある。でも、百貨店にとっては何千とあるアイテムの一部。期待したほど成果が出なくて契約が切れると、在庫をドバッと抱えることに。全部赤字になるわけですよ。運営が難しくなると「なんとかしてくれ」って相談が来る。ちょっと供給過剰だよ。

石黒　僕自身は、佐藤くんみたいな若い生産者が増えることに期待しています。ただ、レストランとかプロに使ってもらうには限度がある。千葉や埼玉のように巨大消費地が近ければ、レストラン向けに栽培するだけでも商売は成り立つけれど、東北から送料かけて送るには、よほど特化したものがないと難しい。

そして、これが重要なんだけど、岩手には長い冬がある。冬場は野菜がない。勝負できる期間が短いわけです。山菜やタケノコの旬が、岩手では5月ですから。初ものには高値がつくけれど、県産が出回る頃にはみんな一度食べたあとになってしまって、安値になることも多い。そのなかで、僕たちはやっていかなければならない。

フランスよりもいい仔牛肉を

――話を聞いていると、行政もコンサルタントも、あまり農業振興の力になれていない現状がある。では、奥田さんや伊藤さんのように、地域に根ざした料理人には何ができるのでしょう。奥田さんは庄内の素材、とくに地元の人が見向きもしなかった埋もれた伝統野菜に光をあてたり、世に広めてきたりしたわけですが。

伊藤　たとえば、岩手には、フランスよりおいしい仔牛肉があったりするんですよ。大迫町(花巻市)のブラウンスイスって品種なんだけど。

――フレンチやイタリアンの料理人さんで「仔牛を使いたいのに、日本にはない」と嘆いている人、多いですよね。でも、ブラウンスイスは乳牛なのでは?

伊藤　もともと乳肉兼用種なんです。飼育頭数は少ないんですが、日本では岩手県が一番多い。せっかく仔牛が生まれても、オスだと乳牛にならないし、正直お金にならない。生後1カ月で市場に出すんだけど、いくらだと思います?　二束三文どころじゃない。出荷するだけで1万円以上かかるのに。つまり、産まれた時点で赤字が確定しているわけですよ。オスの仔牛だけでなく、フリーマーチンと言われる繁殖に障害があるメスの仔牛とかも、2カ月くらいなら育つ。もちろん食べてまったく問題ない。40日過ぎると遊び食いで草を食むんだけど、「2カ月ミルクを与えて育ててほしい」と牧場の人にお願いしてみたんです。

――「乳飲み仔牛」ですね。フランスでは人気の素材。

伊藤　それを自分で仕入れて、「レカン」の高良くんとか「ル・ブルギニオン」の菊地(美升)シェフとか、「ベージュ アラン・デュカス東京」の小島(景)シェフとか、いろんな人に送って使ってもらい、意見を聞いたり。少しずつ求める質に近づいています。今は和牛の4番クラスの値段で販売しています。

この前盛岡でやった食事会で、メインにその仔牛を使ったの。そこに来ていた帝国ホテルの田中(健一郎)ムッシュに「どうでしたか?」と聞いたら、「この仔牛、なかなかいいなぁ」って。

結局、どういうふうに育てているかというたしかな情報があって、たしかな料理人たちが関わって、それが売れることをきちっと示せば使う人は増える。ただし、さっきも言ったように、その中で値切るような人が出て来るのが問題なんです。みんなで守っていこうという意識がない。

――地元では見向きもされなかった素材を、東京のシェフが評価したことで「じゃあ俺も使う」ということは結構あると聞きます。しかも、買い叩こうとする人が出てくると。

伊藤 俺は、江刺で育てているの仔羊、全部自分で買っちゃうんですよ。全部東京に送って「この値段でどうですか?」とセールスするの。うちで一頭買うと、半分はサンプルで東京のみんなに送っちゃう。送料もこっちで持たないといけないけどね。最終的には、地元で正当な値段で販売していけるように。

――損して得をとるというか、先行投資ですね。10年ほど前に、庄内から仔羊を抱えて生産者の方と東京のレストランに通っていた奥田さんを思い出します。

伊藤 料理人はていねいに作られた良質な素材を探しているし、同業者が勧めるものは信用できる。生産者も、使い手の「こういう肉がほしい」という意見や率直な反応を聞くのは参考になるし、いい関係が築ける。

石黒 僕もホロホロ鳥を多くのシェフたちに使ってもらっていますが、感想を聞くのは勉強になるし、嬉しい。

生産者の「夢」とは?

――先ほど「農家も夢が見られるように」という話が出ましたが、石黒さんの「夢」とは何でしょう?

石黒 やっぱり自分の子どもにつなぎたい。つなげるような仕事にしていきたい。年末はホロホロ鳥の出荷は最盛期だから、小学6年生の息子に内臓を洗うのを手伝わせたんですよ。時給100円で。

伊藤 100円は安すぎだよ(笑)。

石黒 息子には、一度どこかに勉強に出てもらって、それからうちを継いでもらえたらいいなあ。

伊藤 時給100円じゃ継がねえよ!(笑)。

一同 アハハ(笑)。

石黒 1カ月働くと、8000円になるんですよ。子どもにとっては大きいんですよ。うちは2年生から田んぼ1枚預けてるんですよ。トラクタ運転して、田植機運転して、コンバインも……。楽しそうにやってるし、ちゃんと農業やってくれたらいいなと。夢が見れるような農業であってほしいなと。

――奥田家はどうですか？

奥田　部活が忙しそう。僕が自分の子どもよりスタッフをかわいがるので、僕の家族は勝手に育ってる(笑)。

伊藤　親父が偉大だとね、子どももね。石黒さん、奥田の長男と話していたら「同じ長男だなあ」って、涙流してんの。しょうがないなぁ(笑)。

――奥田家の長男と？

奥田　高校二年生なんだけど。

石黒　奥田さんの長男が「父ちゃんキライだって」いってるのを聞いて、「オレも父ちゃんキライなんだよ」(笑)。

伊藤　レベルが一緒なんだから。向こうはウザったい親父だなと思うよね(笑)。同じ長男だっていうだけで、泣かれてもね。

――今回、奥田さんと旅してきた道程を振り返っても、郡山の鈴木光一さん(40ページ)には農大生の息子さんがいるし、鈴木さんがリーダーを務めている「あおむしくらぶ」という組織には20代の若手のスタッフもいて。仙台の萱場哲男さん(128ページ)や、農業じゃないけど牡蠣の工藤忠清さん(60ページ)にも跡継ぎの息子さんがいた。そして、今日ここに来たら30歳の佐藤さんに会いました。若い生産者に会いましたよね、奥田さん。それが希望でした。

奥田　うん、そうだった。

伊藤　この辺にも、住田町で「火の土にんにく」を作ってる佐藤道太くんとか、ベビーリーフを作る花巻の安藤誠二くんとか若い人いるよ。

石黒　今、30代がすごい元気だから。すごくいいよね。

そういう人たちがポンポンポンと地域ごとに出てきて、周りも認め出したら、伊藤さんの作戦通りですよね。「なんかおもしろいことやってるぞ、あいつら」って。伊藤さんが生産者をカッコよく紹介してくれるのは、いいですね。

「アイアンシェフ」の舞台裏で

――奥田さんと伊藤さん、お2人は盟友なんですね。そもそも伊藤さんと奥田さんは、どうやって知り合ったんですか？

伊藤 ずっと前、知り合いに奥田くんの話を聞かされて。「山形にも自分と同じことをやってるヤツいるな」と。

奥田 僕はその3年前から伊藤さんを知っていた。

伊藤 今よりもやせてたな、奥田。直感で「絶対一緒にやるな」と思いましたよ。その翌年に、ある雑誌で弘前の「レストラン山崎」の山崎(隆)シェフたちと対談したのが出会いだった。

――震災があったことで、関係が強まったのでは？

伊藤 ほぼ毎日一緒にいたもんね。

奥田 「東北を助けなきゃ」と思ったらここにいた、みたいな。

伊藤 よく体力持ったよね。

奥田 今、鶴岡からロレオールに来るとすごく遠いのに、なんであんなに何度も走れたんだろう？「強くなんなきゃ」と思いましたよ。それまで僕は、生産者でも料理人仲間でも、年上の人たちにかわいがられてきた。震災後は、かわいがられるだけじゃなく、自分が強くなって、次の世代を活かそうって。

伊藤 2012年の11月に「アイアンシェフ」(フジテレビ)の出演が決まった時、こいつ、俺にひどいこと言ったんですよ。「今回は伊藤さんが先に出て。先鋒で。負けたら速攻敵討ちに行きますから」って。まだやってもいないのにね。まるで負けることが決まっているみたいに(笑)。

――ところが、伊藤さん、勝っちゃった。

奥田 応援に行ってた石黒さんが、泣きながら電話してきて。「奥田さん。うっうっうっ」。

石黒 いや(笑)。あの時は収録終わって会場の外に出たら、「収録見てたの？」っていうくらい絶妙なタイミングで奥田さんから電話がかかってきたんですよ。

奥田 あっ、オレがかけたんだ(笑)。そしたら石黒さん、泣きながら「伊藤さんが、勝っちゃいましたよ……(泣)。俺嬉しくて。うっうっうっ……」。

石黒　びっくりしちゃって。

奥田　「これで伊藤シェフを悪く言ったヤツを見返してやれる！　岩手に伊藤ありですよ。奥田さん、ありがとう！」って言ってた。

伊藤　ちょっと、奥田のおかげじゃねえから！

石黒　「奥田さんありがとう」とか言ってないです(笑)。

――仲がよくて、悲壮感がないのはいいことですよね。

伊藤　こうしていつもおもしろくやってるから、苦労が苦労じゃなくなるんですよ。

誰かのためなら強気でいける

石黒　本当だよね。震災が起きて、程度の差はあるけどみんな大変だった。そんななか、自分はいろんな人と出会えたのが財産だなと思ってます。相当ピンチだったと思うんですよ。東北の人たちは。でも、ピンチの裏には絶対チャンスがあると思うから。

　自分自身は、貴重なご縁をたくさんもらったのが、何よりも……商売でも、人間でもね。名刺の数だけでももものすごいです。

奥田　アイアンシェフに出る時、僕は伊藤さんに言ったんですよ。「これから大変なことになりますよ。覚悟してくださいね」。やれるもんならやってみろ！　って。

伊藤　震災があってから、もう開き直りだよね。怖いものなしですよ。最近は、思っていること、誰にでも平気で言っちゃう。

――前は言わなかったんですか？

伊藤　一応大人として「これは抑えておいたほうがいいかな」ってあるでしょう。でも、いつ死ぬかわからないじゃないですか。昔から俺は人生50年って決めてていて、そのあとはおまけだから。震災が起きて、本当にいつ死ぬかわからないと思ったし。だから今は、みなさんのために。人のためだと、意外と強気でいけるんですよ。「自分のため」って言うと、言葉が淀んじゃうけどさ。

――伊藤さんのように、震災を機に変わった人が？

石黒　それは、多いと思いますよ。

――最後にみなさん、今後の話を聞かせてください。

伊藤　料理人としては、「ラ・ブランシュ」の田代和久さんのような、ああいうベテランシェフたちみたいに、

若手に魂を植え付けて育てていかなければ、とつくづく思ってます。料理人の仕事って、ある部分単純じゃないですか。ところが、素材を焼いて出すだけのようなシンプルな料理に、人は感動するわけじゃないですか。その中に何が入っているかっていうことだから。いろんな素材やテクニック、飾りを使ってきれいにするのもいいけれど、そこに人を感動させられる力はあるのかなって。

奥田　僕はまず、3月に郡山に「福ケッチァーノ」をオープンします。震災関連でいろんなことをやったので、他の地域からも「うちを助けて、助けて」という声を多くもらいました。でも、そろそろ地元の庄内へ戻りたい。スタッフが、僕と働きたいと言っているから。

石黒　そりゃそうですよね。

伊藤　俺もそれを上回ることをしないと。

奥田　あとは、オーベルジュやります。お金をかけないオーベルジュのやり方を開拓しました！

伊藤　え、教えてよ。

奥田　まだナイショ。

伊藤　紹介しろよ、俺に。

——こうして前向きに、楽しい話をしていたいですよね。

石黒　みんな必ず笑ってますよね。炊き出しの時もそう。

伊藤　どんなメンバーで炊き出しに行っても、奥田は「史上最強の2番手」だからな。

奥田　そうそう(笑)。

伊藤　すごいっすよ。2番やらせると。優秀なシェフは、アシスタントやらせると、抜群ですよ。

奥田　リレーの選手が、手が出して待っているところにドンピシャでバトンを渡すがごとく。

——今私たちができることは何ですか。

奥田　こっちに来てほしい。東北の農産物や海産物を使ってもらって、一緒に感じてほしい。

伊藤　来ないとわからないこともあるから。ニュースに出る情報は上っ面というか、ごく一部です。そんなもんじゃない。もっと大変なこともあるし、もっといいこともあるんです。とはいえ、その人なりの自然体でいいと思う。なんでもかんでも震災に話を結びつけるのもどうかと思うし。

被災地の外の人が思っていることで、現実はそうでないことだってあるし、頑張っている人ばかりじゃないのも事実です。まったく本気じゃねえなってこともいっぱいあるし。もらって当たり前。支援してもらうことに慣れちゃってる人もいる。仕方のない部分もあるけど、もともとのフラットな関係でいいと思います。

奥田　被災地に行って本当にいろいろと感じたけど、それらも「宇宙の営みからすれば、とても小さなこと」。その中で伊藤シェフとのギャグが僕は大事(笑)。

伊藤　一本、筋を曲げない。大きいことだったり、ちっちゃいことだったりするけど、どんなことでもそれを曲げずにやってることが大事なんだと思います。

［2013年12月13日　奥州市「ロレオール」にて］

米

鈴木博之さん 福島・大玉村（198ページ）

（198ページ）

秋、稲刈りの時期を迎えた鈴木博之さんの田んぼ。大玉村は郡山市の北に位置する。30haの田で各種うるち米、もち米、低タンパク米を栽培する。

30年以上直接顧客に販売してきた鈴木さん。今は独自に検査機関で調べた結果を添えて発送している。

鈴木さんは米農家の6代目。農作業のかたわら、米やわら、土壌などの放射能検査に東電との交渉に向けたデータ収集など、震災以降多忙な日が続いている。

鈴木さんの田んぼは福島第一原子力発電所から60km。2012年3月には米のセシウム吸収を抑制するゼオライト200kgを10aに散布した（撮影／林 衛）。

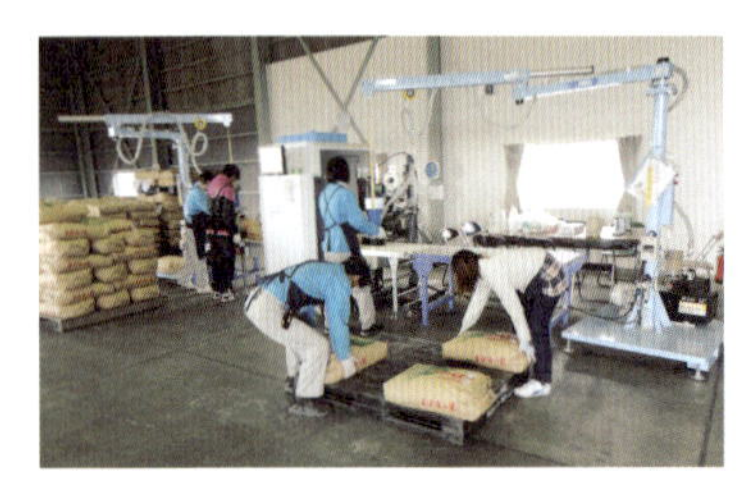

震災の翌年から福島県で始まった全量全袋検査。30kgの玄米を１袋ずつ検査機にかけている。

大玉村の土壌マップを広げ、「田んぼ１枚ずつ汚染状況を調査する必要がある」と鈴木さんは話す。

12年４月には、専業の米農家である二本松市の渡邊永治さん（左）、猪苗代町の武田利和さんと、東電に対して「土を元に戻せ！」とADRによる仲介の申し立てを行なった。

「放射能対策本部」と名付けた事務所には、除染や法律、裁判に関する資料ファイルがズラリと並んでいる。

12年2月にたずねた際、鈴木さんの倉庫には11年産米が大量に売れ残っていた。現在は少しずつ回復している。

自ら栽培する米で作った団子を販売する「ままや」を07年にオープンした。

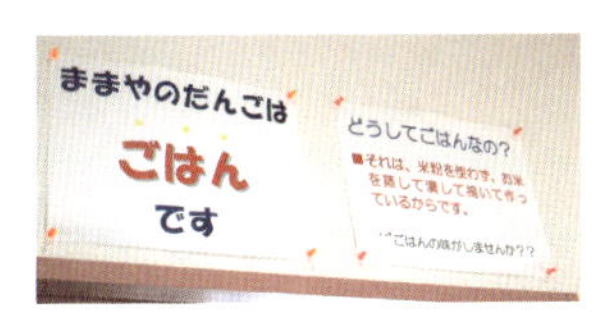

「ままや」という店名は、米を粉にしなくても、まんま(ご飯)のまま団子が作れることから。

低タンパク米「LGCソフト」を原料にした団子。炊いたご飯をつぶすだけで弾力のある団子になり、冷めても固くならないと評判。

津波が来た時は「３年は穫れない」といわれたほど被害が大きかった場所で、2011年の秋、大内弘さんは見事にお米を収穫した。

米

大内 弘さん 宮城・石巻市（212ページ）

大内さんたちの稲の復活に大きく貢献した、涌谷町の米農家・黒澤重雄さんが開発した除草機。小さなコマがくるくる回転して、田んぼの草をからめ取る仕組み。

以前から大規模稲作に取り組んでいた大内さん。生産者の高齢化や震災の影響で急速に作り手が減りゆく中、息子や仲間と協力し大面積の栽培に挑んでいる。

北上川河口に広がる葦原（左）。葦は茅葺き屋根や簾、壁材以外に、肥料として活用されてきた。右は短く切った葦を豪快にかき混ぜ、３年寝かした「葦の腐葉土」。

大規模栽培を行なう農家では、互いのコンバインを融通し、稲刈りを協力し合っている。写真は黒澤さんの酒米の収穫を手伝う大内さん。

除草機の開発者であり、無農薬で大規模栽培する黒澤重雄さん（左）と息子の伸嘉さんと。塩害や急激な大規模化に挑む大内さんの、心強い協力者だ。

大内さんと妻の恵さん。稲刈りを終えると、夫婦で各地にお米の販売に出向いている。

「津波が来た、あの田んぼで穫れたお米です」。大内さんの家でご飯をいただく。

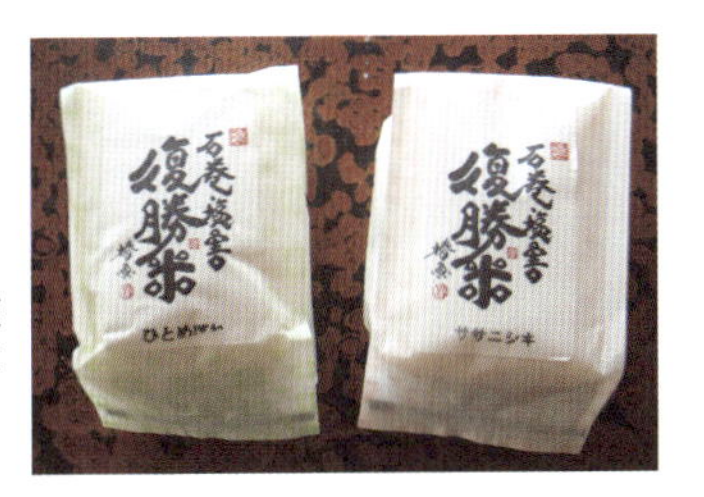

大内さんのお米「ヨシ腐葉土米」「復勝米」。除塩を繰り返しても土に残ったミネラル分がよい方に働き、高い食味値をマークしている。

まさに"里山"という風情の東和地区。養蚕がさかんで農薬を使わない文化が以前からあったという。左手前にはワイン作りの夢に向けて整備した真新しいブドウ棚が見える。

関さんは1971年生まれ。農林水産省在職中に旧東和町（現二本松市）に出向した縁で、2006年に東和に移住、新規就農を果たした。

入口の看板。「ななくさ農園」以外に妻・奈央子さんの英語教室と元弘さんのブルワリーの名も。

関さんの白菜畑。震災後、有機JAS認証を受けた仲間で「オーガニックふくしま安達」を結成、販路を拡大しようと模索している。

震災後、子ども向けグリーンツーリズムの代わりに始めた「コットンプロジェクト」。福島内外から集まる参加者で木綿の苗（右）を定植。関さんも案内役を務める。

2013年9月のコットン畑。11月を過ぎるとコットンボールが弾け、真っ白な木綿の繊維が現われる。「ゆくゆくは着るものもオーガニックで」と夢はふくらむ。

関さん自ら発泡酒の製造免許を持ち、醸造した「ななくさビーヤ」。副原料として、地元の柿、洋梨、を使用している。目下ホップの自家栽培にも挑戦中だ。

関さんは酒好きの仲間で「ふくしま農家の夢ワイン」という会社を設立。13年7月にワイナリーをオープン、東和地区の各地にワイン用のブドウを植えている。

なたね油

杉内清繁さん 福島・南相馬市（238ページ）

「油菜ちゃん」の生みの親である杉内清繁さん。震災直後から南相馬市と栃木県の民間稲作研究所と行き来し、なたねの栽培と搾油法を探究、商品化を探ってきた。

杉内さんはもともと有機稲作農家。震災の翌年から、慎重に検査しながら稲作も再開した。写真は福島県生まれの品種「天のつぶ」の苗。

「なたねを絞った油からは、水溶性のセシウムは検出されない」と知り、南相馬の田畑だった場所で菜の花の栽培が始まった。

搾油後は１週間静置して不純物を沈殿させた後、ペーパーフィルターでろ過する。「油を売る」という言葉通り、精製には時間がかかる。

民間稲作権空所の稲葉光國さんと韓国で購入したスクリュー式の搾油機。焙煎したなたね、ヒマワリ、油分の少ない大豆の油を搾る。

なたねの国産品種「キラリボシ」の種。地元の人、名古屋から駆けつけた支援グループと総勢100人で“希望の種”を蒔いた。

14年9月の種蒔きには、「油菜ちゃん」の名づけ親である相馬農業高校の生徒たちも駆けつけた。

「油菜ちゃん」という商品名とラベルを考案した相馬農業高校農業クラブの生徒たちが、地域で取り組みを発表した時の様子。

ミツバチの羽をもつ小さな女の子が油菜ちゃんのイメージキャラクター。ブルーは晴れ渡る南相馬の空と海を表している。1本1000円で、道の駅などで販売している。

土へのあがない

鈴木博之(福島・大玉村)

すずき・ひろゆき
1950年生まれ。6代続くコメ農家。早くから農協に頼らない農業に取り組み、84年に「農作業互助会」法人化。2011年、原発事故の賠償で単独で東京電力を告訴。その後、2人の生産者とADRで和解交渉を続ける。14年、県内の米農家8人で農地の原状回復を求め東電を提訴した。

福島県中通り。郡山市の北側、安達太良山の裾野に位置する大玉村に、東京電力を訴えた米農家がいる。鈴木博之さんだ。

「汚した土を、元に戻せ!」

それが東電へ突きつけた、第一の要求だった。

私が鈴木さんに初めて会ったのは、10年近く前のこと。新橋のガード下の居酒屋だった。旧知の仲だった全国稲作経営者会議の山形県会長の佐藤豊さんに誘われ、出かけて行くと、その隣に座っていたのが福島県会長の鈴木さんだった。全国稲作経営者会議は稲作の農業経営者による自主的な組織で、「米一筋」に栽培に取り組む、全国の稲作農家のリーダーが集っている。

鈴木さんは、当時50歳過ぎ。かつてトラクタで全国一周したり、農協を相手取って裁判を起こして勝訴するなど、武勇伝にはこと欠かない。負けん気が強く、やんちゃではにかみや。それでいてどこか「憎めないオヤジ」な一面も持っている。それが第一印象だった。

大半を兼業農家が占める米の生産者のなか、鈴木さんは一貫して米一筋。米穀の小売免許を取得して、農協を介さず自力で販売先を開拓してきた。

2011年3月。福島第一原子力発電所で事故が起きた時、なぜか一度会ったきりの鈴木さんのことが気になった。今年の田植えはどうするのだろう？　これから福島の米は、どうなるのだろう？

きっととんでもないことになる

震災から1カ月後の4月、鈴木さんに電話をした。さいわい大玉村の被害は少なく、「瓦が4～5枚落ちた程度」だと言う。けれど、この時すでに鈴木さんは、

「きっと、とんでもないことになる。きっと、米が売れなくなる」

と予言していた。電話越しに「今年の田植えはどうするのですか」とたずねると、

「いつも通りやる。何があっても米は作る」と鈴木さん。

「せっかく作っても、売れなかったり、安かったりしたら？」

「その時は、事故を起こした東電か、その管理を怠った国に買い取ってもらうまでだ」

「ほかの場所への移転などは考えていないのですか？」

「先祖の墓を残して、ここから動くわけにはいかないだろう」

その年、鈴木さんは約10ヘクタールの水田に、例年通り田植えをした。

「ゼオライトを入れろ！」

「真っ青なプルシアンブルーという、染料系の資材がいいらしい」

など、周りでは除染効果を謳った農業資材の情報が飛び交っていたが、鈴木さんは「人の口に入れられないものは使いたくない」と、一部に試験的に塩を撒いただけ。稲は順調に育ち、この年の米の食味は、すこぶるよかったという。


ところが。10月に県知事が米の「安全宣言」をしたあと、当時の暫定基準値500ベクレル（1kgあたり。以下同）を上回る米が見つかる事態が起きた。大玉村でも、高濃度に汚染された米が見つかり、消費者の信頼は大きく揺らいだ。

告訴状は「なかったこと」に

翌年2月。鈴木さんに出会うきっかけを作ってくれた、山形の佐藤豊さんと仲間の米農家の人と一緒に、鈴木さんのもとへ出向いた。倉庫には、売れ残った米の袋がびっしり並んでいた。鈴木さんの予感は当たってしまった。我々を2階の事務所に案内し、「ここが放射能対策本部だ」と言った。

「オレらは、お客さまに年間通して米を買ってもらえることを夢見てた。長年お付き合いできる固定客がほしかった。だけど原発事故が起きてから、そんな考えは吹っ飛んだ。一番キツいのはお客さんの素朴な疑問。『安全なんですか？』。これに答えられない。『タバコより害は少ない。ストレスのほうが体には悪いとも聞く』なんて話はできるけど、最終的に〝大丈夫〟って言いきれない。オレだって知らねえんだもん。知らないものを売っていいのか？　キツいぜ、これは！」

原発事故から1年の間に、鈴木さんは二度東電を刑事告訴していた。たった1人で告訴状を書き上げ、東京地方検察庁へ提出したのだ。原発事故による損害賠償請求とは別に。

「賠償は民法だけど、告訴は刑法。原発事故が原因で米が売れなくなったから、東電による威力業務妨害罪。土を壊されたから、東電による器物損壊罪。これは犯罪だから東電を罰してほしい」

ところが、検察庁は書類を返してきた。受理とも不受理とも判断つかない。

「これは前代未聞のウルトラCだよ。なかったことにされちゃった！」

かつて、農協を相手に裁判を起こした経験もある鈴木さんは、法律や訴訟ごとにめっぽう強い。茶飲み話に法律用語がポンポン飛び出てくるから、着いていくのが大変だ。

私は疑問に思っていたことを投げてみた。

「農地を汚染されたのは、みんな一緒。福島の米農家が団結して東電を訴えないのはなぜ？」

「このあたりは兼業農家が主体で、彼らは農業依存度は2割ほど。ほかに収入があるから急には困らない。それにみんな今日を生きるのに精一杯だから、東電を訴えるところまで至らない。逆にうちのような依存度100％のところほど、今回はダメージがでかい」

東北は米どころと言われているが、実は30年以上も前から大部分の稲作農家が「米だけでは喰っていけない」状態だ。兼業率が高く、その大半が農協に販売を委託しているので、事故が起きても経営的なダメージは比較的少ない。逆に、鈴木さんのように米の味一本で勝負してきた専業の米農家のほうが、経営的にも精神的にも痛手が大きく、危機感に温度差が生じていた。これまで農業一筋で品質向上に尽力してきた人が、より苦しんでいる——原発事故は、そんな結果をもたらした。

検察から返送された告訴状には、こんな一文が添えられていた。

「具体的な犯罪事実が特定されていない」

東電が土と米と農家に何をしたか、目に見える形で実証するのは難しい。だけど鈴木さんの米は確実に売れなくなっている事実がある。

「先祖代々米の作り方は身につけてきたけれど、放射能については教わって来なかったオレたちに、検察はどれだけ土が汚れ、土壌が壊れたかを立証しろと言う」

もし同じ立場に立たされたら「一介の農家に、そんなの無理だ」と、お手上げになっていると思う。しかし、鈴木さんは、東電が何をしたかを立証するために、着々と動き出した。

数値が高いのは土

震災の年から、福島県は農産物のモニタリング検査を始めていたが、それは全量検査ではなくサンプル数も少なかったため、多くの生産者が「それでは胸を張って売れない。お客さんを説得できない」と、身銭を切って11年産米を自主検査に出していた。

鈴木さんも計りに計った。白米や玄米だけなく、田んぼの土、ぬか、もみ、わら、精米機に集まる塵まですべてを検査に出していた。当時、福島県のモニタリング検査の検出限界は20ベクレルだったが、「それでは甘い！　もっと精度の高い検査機で調べなきゃ！」と、検出限界1ベクレルの検査機関に出していた。費用はすべて自己負担。当時は1件につき3万円前後かかっていた（その費用はのちに東電に請求し、支払われた）。

片っ端から計ったなかで、一番線量が高いのは土だった。1万6200ベクレルの場所もあった。次は、米の乾燥機に集まる排塵で、533ベクレル。次が稲わらで140・5ベクレル。米ぬかが86・7ベクレル、もみ殻が17・78ベクレル。そして肝心の米はというと、

五百川（早場米）　4・33ベクレル
ひとめぼれ　2・58〜15ベクレル
こがねもち（もち米）　5・6ベクレル
ヒメノモチ（もち米）　6・17ベクレル
コシヒカリ　7〜13ベクレル
ミルキークイーン　6ベクレル
春陽（低タンパク米）　1ベクレル
LGCソフト（低タンパク米）　検出せず

と、いずれも暫定基準値の500ベクレルを大きく下回っていた。
なかでも、鈴木さん自身も驚いたのが「春陽」と「LGCソフト」だ。春陽は1ベクレル、LGC

ソフトに至っては「検出せず」。しかもこの2品種は、鈴木さんの水田のなかで、最も汚染度の高い場所で栽培されたものだ。なぜセシウムが出ないのだろう?

聞き慣れない「春陽」と「LGCソフト」は、「低たんぱく米」と呼ばれる。普通の米では腎臓に負担がかかってしまう、食事制限が必要な腎臓病患者のために開発されたお米だ。たとえば、LGCソフトは、米のたんぱく質の約5割を占めるグルテリンが普通の米の約半分で、可消化性のたんぱく質が2~3割少ない。鈴木さんはこの特殊な機能を持つ米を早くから栽培していたうえ、「うるち米なのに、餅米みたいな食感が出せる」と、その性質に注目し、07年に「ままや」という団子屋を開業。団子は通常、もち米の粉を練って作るが、LGCソフトは炊いたごはんをつぶすだけで団子が作れてしまう。「まま(=ご飯)がそのまま団子」になる、店名もそこからつけた。

ゆくゆくは団子の生地を卸したり、チェーン店の展開も……と考えていたが、今は大玉村の大山小学校の向かいにある、三角屋根の店舗だけで販売している。

セシウムが検出されなかったことで「もしかすると、品種を選べば汚染は回避できるのかもしれない」と思ったが、それでも鈴木さんは「売れるかどうかは別問題だ」と考え直した。

汚れた土を、元に戻せ!

震災から1年が過ぎた12年4月20日。鈴木さんは、二本松市の渡邊永治さん(1949年生まれ)、猪苗代町の武田利和さん(1950年生まれ)と3人で原子力損害賠償紛争解決センターへ、和解の仲介の申し立てを行なった。2人とも福島県の米農家のリーダー的存在だ。

3人が一番強く訴えたかったのは、「汚染された土を元に戻せ」という思い。おいしい米を作ろうと長年かけて土づくりをしてきた。事故後に作った米も、文句なく旨い。身銭を切って検査して、国が「安全」と認める値をずっと下回っていたとしても、「買わない」「食べない」と言われる現実。それは、事故によって降り注いだ放射性物質が、依然として土の中に存在するからだ。

鈴木さんは、土の性質を表す時に「土性（どせい）」という言葉をよく使う。

「われわれは、土性を壊された。器物損壊罪だ」

どうすれば、事故前の土を取り戻せるのだろう？

環境省は土の除染方法として「表土の削り取り」と「反転耕」を推奨していた。しかし、それでは不十分と考えた3人が求めたのは「客土（きゃくど）」だった。今ある土壌の上に新たに約15㎝の土を盛って、元の土と混ぜることで、土中の放射性物質が薄まる。完全に消滅させることはできないが、稲や作物への移行を抑えるには、最も有効な手法だと考えた。

3人の耕地面積はそれぞれ9～40ヘクタール。その除染費用を含め、請求金額は35億円。新聞には「福島の米農家、35億円賠償要求」という見出しが踊った。

それから1年後、鈴木さんと武田さんを訪ねた私は率直に聞いてみた。

「3人で35億は高すぎやしませんか？　新聞読んだ時、法外な値段に思えてしまって」

武田「俺たちは、別に遊ぶ金がほしくて要求してるわけじゃないよ（苦笑）」

鈴木「ちゃんと根拠はある。イタイイタイ病の原因になったカドミウム汚染では、川の流域の水田を、1ヘクタールあたり約4670万円かけてカドミウムを除去したんだ。これをもとに算出したわけだ」

「今回は汚染されたエリアが広大です。もしも、万が一、東電がこの要求をのんだら、『我も、我も』ととんでもない額の賠償金が必要になる。あまり現実的でないのでは？」とたずねると、

鈴木「そんなことは関係ない。とにかく訴訟は前例が第一。汚染された農地を企業が賠償した実績はあるのだから、その金額をもとにして要求したまでだ」

ADRの行方

この時3人は、裁判ではなく「ADR」という手法を選んだ。

ADR(Alternative Dispute Resolution)とは、「裁判外紛争解決手続」の略。仲裁、調停、あっせんなど、裁判によらない紛争解決方法の総称で、中立な立場の仲介委員(弁護士など)が間に入り、双方の事情を検討しながら、紛争の解決を目指す。11年8月末、原発事故被害者と東電との間に起きた紛争の早期解決を目指して、文科省に「原子力損害賠償紛争解決センター」が設立。裁判よりも、「早く・安く・簡単」な解決法として注目を集めた。

3人の主な要求を整理すると、

①土壌汚染の回復費用

②キャビン付きのコンバインやトラクターの購入費用

③精米過程で放射性物質を大気中に排出しないための集塵機の購入費用
④稲わら、排塵、脱穀、米ぬか、玄米などの一時保管場所の建設費用
⑤玄米の低温貯蔵施設の建設費用
⑥土や稲わら、米の検査費用
⑦人間の放射能検査のために要した費用

となる。3人が一番訴えたかったのは①の「土を元に戻せ」という主張。それに対し、東電からの回答は、一貫して「農地の除染は、国及び自治体の仕事。本件請求に応えるつもりはない」というものので、話し合いの糸口すらつかめなかった。

②~④は、土の中にセシウムが存在しているため、土ぼこりが舞い上がるたびに吸い込んで内部被曝するおそれがある。そのため、外気と遮断するキャビンのついたコンバインやトラクターが必要になるが、同じ馬力のトラクターでも、キャビンのないものより70~100万円高い。

さらに、セシウムは米よりもわらやもみ、ぬかや塵に多いので、精米時の集塵機も必要だ。精米後に出るぬかや塵は、捨てたり燃やすことはできないので、保管場所も必要となる。しかし、②~④についても、センターからの回答は、「和解の対象から外す」というものだった。

⑤は米が売れなくなったため、急きょ玄米を保管する低温倉庫が必要になった。猪苗代町の武田さんが自宅の牛小屋を改装した倉庫については、費用約400万円のうち東電が9割負担することに。一方、「これから建てたい」と費用を請求した鈴木さんの分は、受け入れられなかった。

武田「すでに購入したものは負担はするけど、まだのものには払わない。東電の主張は一貫してる」
鈴木「うちは、財務担当のかあちゃんの許可がないと、建てられないからな」
武田「うちは夫婦別会計だから構わないんだ」
　思わず「それって、単に夫婦間の力関係の違いじゃないですか?」と突っ込むと、2人とも「ハハハ」と笑う。どんなに理不尽な回答が出ても笑い飛ばすぐらいの気概がないと、やっていられない。
　ADRの口頭審理は、12年4月から1年間で7回行なわれた。通常3回程度で終わるため、異例の多さだ。3人はそのたびに上京して審理に臨んだが、交渉が成立したのはごく一部。「土を元に戻せ!」という第一の請求は、話し合いの糸口すら見い出せない。「早い・安い・簡単」がADRの取り柄のはずなのに、1年もかかったうえにこの結果。3人には徒労感だけが残った。

1人から3人、そして8人へ

　14年11月、私は久しぶりに「ままや」を訪ねた。大玉村のあちこちに当たり前のように線量計が設置されている。2年前に0・5マイクロシーベルトだったある地点の空間線量は0・2マイクロシーベルトまで下がっていた。それでも東京の約20倍だ。

「除染しても、ここからなかなか下がらないんだよなあ」

　事務所へ向かう車の中、稲刈りを終えた田んぼを眺めながらつぶやく鈴木さん。田んぼに水が入ると数値が下がるが、稲刈りするとまた戻るという。

「ここから見える風景も飛んでる鳥も風も、何も変わっていない。だけど見えない、聞えない、匂わない放射能が、確実に我々の暮らしや健康を脅かしている。そこが原子力災害の、恐ろしいところだ」

事務所で新たな訴状を見せてもらった。先に東電を訴えた3人に加え、5人の名前が連なっている。うち3人が「古川」姓。郡山に住む清太郎さん、清幸さん、清貴さんが親子三代で訴えたのだ。清貴さんは1978年生まれ。裁判に明日を担う若手が加わった意義は大きい。

訴状の内容は、これまでの「客土を求める」から方向転換。「土壌の放射線量を、震災前の50ベクレル以下に抑えよ」という要求に変わった。請求額は「算出不能」とある。

0ではなく、50ベクレルにした理由をたずねると、

「単に『原状回復』といっても、数値を示さなければわからない。震災前にどれくらい土に放射性物質があったのか調べてみたら、チェルノブイリ事故以降に計った数値が出てきたんだ」

そのデータによると、8人の原告の農地がある大玉村、二本松市、猪苗代町、郡山市、白河市の土壌を、05年に計測した値は、1・26~45・4ベクレル。この値をもとに、「50ベクレルまで戻せ」と訴えたのだ。でも、どうやったらその値に戻せるのだろう。

「東電は放射能の専門家だろ? 手法は問わないからとにかく東電で考えて、もとに戻せというわけ。これを〝抽象的作為請求〟と言うのだよ。もとに戻せないなら、戻せないなりに、しっかりとした後始末の方程式を、法的に決めてもらいたい。でなければ安心して後継者に経営を譲れない。夢も希望も持てない場所に、後継者が育つわけがない」

これは一農家ではなく、福島県の稲作全体の存亡をかけた闘いなのだ。

一番頑張ったのは、土

福島県は震災の翌年の秋から、前代未聞の「全量全袋検査」を実施している。収穫した玄米30kg入りの袋をひとつずつ検査機にかけ、100ベクレル以上のものは出荷しないという膨大な予算と人、そして時間を要するシステムだ。

12年の検査では、約1032万袋を検査して、100ベクレルを超えたのは71袋。つまり、99.99%は基準値以下だった。翌13年産米は、約1100万袋検査して、基準値超えは28袋。14年産米は、15年1月17日の時点で、1083万袋検査して、基準値超えはひとつも出ていない。

基準値を超える米は、時間の経過とともに確実に減っている。でも、これで福島県産米の信頼と安全性は取り戻せたのかといえば、残念ながら答えはNOだ。

14年9月に発表された、農家から販売委託を受けた米に対して全農が支払う概算金が、東北全県で過去最低となった。米の需要減、過剰在庫、東日本の豊作など、さまざまな要因が重なったためだが、なかでも福島県産米のコシヒカリの場合、会津が60kg1万円(前年比17%減)。大玉村のある中通りは7200円(35・1%減)、浜通りは6900円(37・8%減)と、東北の他県に比べても、ずっと下落率が高い。すべての米を検査して、安全性を数値で訴えても、人の心は動かない。消費者の信頼は取り戻せないままなのだ。鈴木さんの場合、原発事故のあと、取引きしていた顧客が一気に8割減った。以

ままや　福島県安達郡大玉村大山字大江田中128-17　電話0243-48-1181

来4年が過ぎようとしているが、「微増だ。ちょっとずつ、増えてはいるけど。元通りにはほど遠いよ」と言う。鈴木さんは、すべての米に検査結果のコピーを入れて販売し、相手に判断を任せている。「微増」の中には、東電と闘う孤高の農家と知って応援する人もいれば、単に「安くておいしいから」とファンになる人もいる。

東電が原発事故で福島の土を汚したのは、まぎれもない事実。これを「なかったこと」にするわけにはいかない。土を汚した罪をいかにして東電に認めさせ、贖(あがな)ってもらうか。食べる人も納得できる形で、「元に戻して」もらわなければならない。

日本で稲作が始まって以来、誰も挑んだことのない闘い。自分と東電の関係は「小学生と大学教授の闘いみたいだ」と鈴木さん。事務所には、「除染」「裁判」などと書かれた膨大な書類とそのファイルが並んでいる。でも、最初は1人だったが、闘う仲間は8人に増えた。

「この裁判は、30年かかるかもしれない。相手はオレが死ぬのを待ってるんだ」

と冗談めかして笑うが、放射生物質との闘いで一番頑張っているのは、行政よりも、農家よりも、セシウムを抱えて離さず、作物に移行させなかった福島の「土」だ。鈴木さんは、そんなもの言わぬ土の、最もリアルな代弁者だ。

「汚したことを謝れ。そしてちゃんと元に戻してくれ！」

このままなかったことにするわけにはいかない。米を作り続けながら、放射性物質を計りに計って、東電相手に戦い続ける作り手がいる。

農作業互助会　福島県安達郡大玉村大山字大坪12　電話0243-48-3668

よみがえる田んぼ

大内 弘（宮城・石巻市）

おおうち・ひろし
1964年生まれ。兼業農家を経て98年から大規模稲作に取り組み、震災前には20haを栽培。2011年、津波で田んぼが水没するも、塩害を受けた5haの農地で米を収穫する。作り手のいない田んぼを積極的に受託し、規模を拡大。14年には45haを栽培した。

「津波がきた時は、もうここで米は作れないと思いました」

そう話す大内弘さんは、石巻市北上町橋浦の水田地帯で米を栽培している。その田んぼは海から約5㎞の地点にあり、北上川の対岸には84人の児童と教職員が犠牲になった、大川小学校が見えた。

津波は沿岸部の漁港や集落を破壊したうえに、北上川を一気に逆流した。それは堤防からあふれ出し、流域の田んぼに大量のガレキと真っ黒なヘドロ、そして海水の塩分を置き去りにして引いていった。川から淡水を送り込む用水路が破壊されたうえ、周辺の米農家には、田植え機や収穫用のコンバインなどの農業機械を流されてしまった人も多い。

津波をかぶって塩辛くなった田んぼに苗を植えても、稲は枯れてしまう。震災が起きたその年に、米を作るなんて土台無理。「3年は不可能だろう」。当時はそんな声も聞こえていた。「それでもお米を獲った人がいる」と人づてに紹介されたのが、大内さんだった。

北上川河口に広がる葦原で

大内さんは、かつては住宅整備会社に勤務しながら稲作を手がける兼業農家だった。勤めを辞め、本格的に稲作に取り組み始めたのは98年のこと。30代半ばの当時、周辺では「圃場整備事業」が進んでいた。これは、小さな田を統合して100m四方(1ヘクタール)単位の田んぼに拡大し、併せて用排水路の整備、土層改良、農道の整備なども行なうこと。こうすることで、大型機械での作業をスムーズにし、効率化と大規模化を一気に進めるための事業だ。

高齢化と後継者不足が進むなか、田んぼがあっても、栽培できない農家が増えていく。そうして周辺の田んぼの作業を受託する形で栽培面積を広げていった結果、始めた時には栽培面積は70アールだったのが、震災前には20ヘクタールにまで拡大。大内さんは30戸分の田んぼを請け負うようになっていた。

私が大内さんに初めて会ったのは、2012年の2月。第一印象は体格がよく、ラガーマンのような迫力を感じる。挨拶もそこそこに車に乗せていただき、北上川沿いの道を大内さんの田んぼがある河口へ向かって進んだ。車内から外を見ると北上川の中州に、背の高い草が生えている。

「あれは葦(よし)です。この北上川の葦は茅葺き屋根の材料で、近所には知る人ぞ知る日本一の屋根葺き集団〝熊谷産業〟もいる。ここの葦は、伊勢神宮の屋根にも使われているんですよ」

と大内さんが教えてくれた。葦は、海水と淡水が混ざり合う汽水域に生える植物で、夏場は中州に青々と繁り、冬には黄色く立ち枯れる。それが朝日や夕日を受けると黄金色に輝きだす。この北上川の湿地は「日本最後の葦刈り場」とも呼ばれ、その風景は、環境省の「日本の音風景百選」にも選ばれているが、津波の影響で葦原の7割が水没。かつての豊かな生態系を取り戻そうと、地元の人たちは、「ヨシ原再生プロジェクト」を進めている。

「うちの田んぼにも、この葦を使った堆肥が入っているんです」

代掻き除塩と稲作名人の除草機

「なんとか米を作れる場所がある。今年はそこで作ってください」

大内さんに地元の土地改良区から連絡が入ったのは、震災から2カ月後の5月12日。いつもなら田植えが終わっている時期だ。津波を被った田んぼの中にも、なんとかガレキを取り除き、農業用水を送り込める場所があるとのことだった。面積は5ヘクタール。前年の4分の1だった。

ガレキこそ取り除かれていたものの、黒く粒子の細かいヘドロと塩分が残っている。当時宮城県農業試験場が提示した方法は、「代掻き除塩」だった。

代掻きは田起こしを終えた田に水を張り、土をかき混ぜて土の表面を平らにする作業。そして代掻き除塩は、代掻き機で水と土をかき混ぜて、濁った水を溶け出した塩分もろとも排出する方法だ。稲が生育するには、土中の塩分濃度を0・3%以下に抑える必要がある。県は「2回」と除塩回数を指導していたが、大内さんの田んぼは、3回やっても0・8%だった。

「5回やって、やっとギリギリの0・3%まで下がりました」

それでもまだ、田んぼの中の塩分は完全に除去しきれていない。田植えが終わった6月の半ば、

「塩害の年は、穂はついても稲刈り間際でボロボロ落ちたり、実が入らなかったりするらしい。今年は、米を穫るのは無理かもしれない。ダメでもともと。わらだけでも穫れれば上々だ」

と、大内さんは話していた。7月に入っても苗は枯れずに伸びていたが、でも土中には塩分が残っている。稲を枯らさないために何かできることはないか？　大内さんは、田んぼの「除草機」を使おうと考えた。

田んぼの除草機とは涌谷町の米農家・黒澤重雄さんが開発したもので、先端に小さな樽の形をした鉄製の回転コマがいくつもついている。これを田植え機に装着して田んぼを走行すると、コマがくるくると回転し、草を絡め取っていく仕組みになっている。これを使えば、株と株の間をコマが回転して、土と水をかき混ぜてくれるから、稲を生かしたまま、土中の塩分を溶かし出せるかもしれない。さっそく除草機の考案者である黒澤さんに相談すると、

「よしやろう！　一度に3台使って何度もやろう！」

と賛成してくれた。こうして黒澤さんと大内さん、さらに仲間の除草機3台で何度も田んぼを往復して土を撹拌し、塩とヘドロが混ざった水を流した。大内さんの妻・恵さんによれば、

「まるで大きなカルガモが、並んで田んぼを行進しているようでした」

この除草機には、雑草を取り除くと同時に、土の表面を耕す「中耕」の効果もある。コマが回ることで、土の表面近くに伸びている浅根が切れる。根が切れたら、株が弱ってしまいそうだが、「いえ。表面の根を切ることで、稲は危機感を感じます。それでも生き延びようとして、地中深く根を張る。結果的に丈夫な稲が育つのです」

その言葉通り、稲は順調に育っていった。8月に入り、田んぼの水を抜いて「土用干し」をする時期になっても、塩分が土の表面に上がるのを避けるため、あえて水を張ったままにした。夏を過ぎても、稲は青々と繁り、順調に穂を出した。いつしか大内さんの不安は、「もしかすると、このままいけるかもしれない」

そんな期待に変わっていった。

とったぞ!「復勝米」

こうして震災の起きた年の9月、大内さんは津波が押し寄せた5ヘクタールの田んぼで、見事にお米を収穫した。収量は10アールあたり540kg。例年と変わらなかった。しかも食味はすこぶるよくなっていた。

「あれだけ除塩してもしぶとく土に残っていた海水のミネラルが、いい方向に効いたのかもしれません」と推測した大内さん。黒澤さんも、「カリウムやマグネシウムなど海水由来のミネラルは、微量であれば米にいい方向にはたらきます。私なんて、タンクローリーを買って、海水を薄めて田んぼに撤こうと考えたこともあるくらいだ」と話していた。

また、大内さんは塩害を克服したもうひとつの理由に、震災前に田んぼに投入していた「葦の堆肥」が考えられるという。葦は稲より背が高く、繊維が強くて固いので、分解しにくいイメージがあるが、どうやって堆肥にしているのだろう？

大内さんの堆肥場には、2つの山ができていた。「こっちが1年もの、こちらが3年ものです」

作り方はいたってシンプル。葦をカットして山積みにしておくだけ。雨が降ってもそのまま。時々ショベルカーを使って、豪快にかき混ぜる。1年ものはまだ繊維ががっちり残っていてゴワゴワした感じだが、3年ものは腐植の進んだ腐葉土に似ている。掘り返すと、カブトムシの幼虫が次々出てくるそうだ。時間と雨水、そして土着の微生物が、葦を堆肥に変えてくれるのだ。

この年、大内さんは除塩に徹していたため、稲に栄養補給する堆肥や肥料を与える余裕はなかった。何度も代掻きした分、ヘドロや塩分とともに流亡した表土も多かったはず。稲が栄養不足になるリスクもあった。

「それでもなんとか収穫まで持ちこたえることができたのは、震災前に入れていた、この〝葦の腐葉土〟が、頑張ってくれたおかげだと思います」

こうして、津波に打ち勝った米を、大内さんは「復勝米（ふっかつまい）」と名付けた。「米工房　大内産業」で直接販売に応じているほか、ネット通販でも発売。各地で開かれる復興イベントや宮城県の物産展にも夫婦で出向いて販売している。

2012年、海水が逆流して田んぼに入ったことにより、
刈る寸前の稲が赤く枯れてしまった。

海水が逆流。稲が赤く枯れていく

ところが、翌12年の9月。

「田んぼの稲が、真っ赤になってみるみる枯れている。塩害だ！」

大内さんから電話が入り、私は慌てて石巻へ向かった。その1カ月前に訪れた時は、青々と繁り、順調に生育していた稲が、稲刈りを目前にして赤く立ち枯れていた。旧北上町の長尾地区。前年に除塩を繰り返して、お米を穫った場所とは、また別のエリアだった。

「海水が逆流して、田んぼに入ってしまった」

震災の影響で、周辺は地盤沈下が激しい。北上川河口近くの水門が壊れたうえに、73㎝も陥没。海水が逆流して塩分の交じった水が田んぼに流れ込んでしまっていた。8月末、出てきた稲穂が変色しているのを見つけた時はもう、被害をくい止めることはできなかった。川向こうの田んぼの稲は、黄金色に実っているのに、海水が入り込んだ場所だけが、赤く染まって枯れていく。震災は津波でガレキと塩分を運んだだけでなく、周辺の地形や水系を大きく壊していた。これをくい止めるには、大がかりな土木工事が必要で、前年のような除塩作業ではとても太刀打ちできなかった。

「来年は、もうここでは作りません」

めったに後ろ向きな発言をしない大内さんも、この時はさすがに悔しさを隠せない様子だった。

でもこの年、別の場所で収穫した米を食味計にかけたところ、「ひとめぼれ」が86、「ササニシキ」は91という数値をマークした。全国規模で開かれる食味コンクールで上位を独占する「コシヒカリ」でも、80台後半を出すのは難しいといわれる世界。とくにササニシキは、ずば抜けて高い値だ。前年同様「海のミネラル」が効いたのだろう。

津波と震災は、稲を真っ赤に枯らしてしまう一方で、人の力では及ばない食味も実現してしまう。けっして悪いことばかりではないが、2年経っても思わぬ形で津波の影響は現われていた。

宮城のウルトラスーパー米農家

その年11月、私は大内さんの除草機の開発者である、涌谷町の米農家の黒澤重雄さんを訪ねた。

黒澤さんは1947年生まれ。栽培面積35ヘクタールで、大規模では難しいとされる無農薬栽培を祖父の代から実現。93年の大冷害の時も、例年通りの収穫を上げた「名人」としても知られている。

さらに自分の田んぼで発見した突然変異の穂から、お盆過ぎには出荷できる早場米の「おもてなし」や、大粒種の「おもてなし極（きわみ）」を育種。独自の品種を開発する民間育種家でもあり、オリジナルの除草機を開発するウルトラスーパー米農家だ。

大内さんは、会社員時代に黒澤さんの自宅の水道工事を手がけたのがきっかけで、農薬や化学肥料を使わない、米の大規模栽培に興味を抱くようになった。

生産者が「無農薬で米を作りたい」と考えた時、それを阻むのは田んぼに生える草だ。除草剤を使わずに収穫するには、夏の間、何度も田んぼに入って手作業や除草機で草を取らなければならない。日本は休日に作業をする兼業農家が多く、こまめに除草するのは難しい。また大規模な専業農家も除草が追いつかず、一度だけ除草剤を使って栽培する「低農薬米」や「特別栽培米」を作る人が多い。大内さんも一部で無農薬米を栽培しているが、すべてを無農薬で栽培するのは難しいという。

それではなぜ、黒澤さんにはそれが可能なのだろう？

田んぼの除草機には、昔から手押しの「田車（たぐるま）」や、人間が腰につけて引っぱるタイプ、動力のついた手押し型などさまざまな形のものがあるが、いずれも小さく、大面積の除草には適していない。

問題はスピードだ。広い田んぼを確実に、しかも早く除草するには、田植え機の後部に装着して、稲を傷つけることなく引っぱるタイプの除草機が必要になる。黒澤さんは、隣の美里町で農機具を販売している赤羽農機株式会社と3年かけて除草機の共同開発に取り組み、実用化。10アールの田んぼを5～6分で除草できるスピードが、何よりの強みだ。

大量に撮影した田んぼの写真をじっくり見る黒澤さん。
稲刈り後の大事な仕事だ。

「受注生産なので、宮城県で普及しているのはまだ20台前後です。それでも大手メーカーが作った除草機より、作業がずっと早い」

と、得意気な黒澤さん。この日稲刈りを手伝いに来ていた登米市の佐々木和人さんは、

「父から受け継いだ田んぼで、無農薬栽培に挑戦しています。以前は不織布のような除草マルチを田んぼに敷き詰めていましたが、コストが高いうえに一度しか使えない消耗品。これ以上無農薬の面積を増やすのは無理と思っていました。でもこの除草機なら、何度でも使える。希望が見えてきました」と話していた。

違うのは、田んぼを見る目

「黒澤さんのすごいのは、田んぼを見る目。同じ除草機を使っても、田んぼに入れるタイミングや機械の調節を間違えると、どんどん草の方

が伸びて稲が負けてしまう。常に田んぼをくまなく観察している人でなければ、除草機だけで草を退治するのは無理だと思います」

と大内さんは言っていた。黒澤さんの米作りを支えているただにならぬ観察眼。あのぎょろりと見開いた大きな眼には、どんな風に田んぼが映っているのだろう。

黒澤さんは、毎年自身の田んぼの写真を大量に撮影している。忙しい夏の間はそれを見る時間がないので、稲刈りを終えた後、じっくり見ることにしている。その量は膨大で、

「フィルムやデータを近所の写真屋に持ち込むと、『黒澤さんの分だけで、プリントするのに3日かかるから、毎年大変だあ』と言われます」と笑う。

私もそのアルバムを見せてもらったが、素人の目には「きれいな田んぼ」にしか写らない。ところが黒澤さんには「田んぼ1枚1枚が、まるで学校の生徒のよう。毎日表情が違って見える」そうだ。同じ品種でも、稲の丈、葉数、色が違う。その微妙な違いや変化を逃さず捕えて栽培に生かす。同じ田んぼの5日前の「表情」を見比べたり、場合によっては前年の同日、そのまた前年同日の写真を比べて、翌年の栽培計画を練っているという。その驚異的な観察眼が、突然変異の穂を見い出して、後に「おもてなし」や「おもてなし極」を育てたのだ。

黒澤さんは、ずっと減反はせず、農協と取り引きせず、国の補助事業も利用せず、作った米は自力で販売する「孤高の独立自営農」の姿勢を貫いてきた。TPPが始まれば、国産米の生産量は90%減少するという試算もあるけれど、そんな中でも、

「わが家では、化学肥料も農薬もなかった祖父の時代から、米は田んぼとお天道様と水。この3つからいただくもの。『とるもの』とか『売るもの』という感覚で、作っているわけではありません」

昔から「米一粒一粒に神が宿る」と言われてきたが、稲作の近代化、機械化が進むにつれ、作り手は「もっとたくさん。そして高く」。食べる人は「もっと安く。手軽に」と望むようになり、いつしか田んぼや米がもたらす恩恵を忘れてしまったのかもしれない。その中で、正月には田んぼを1枚1枚回って「今年もよろしく」と、挨拶を欠かさない黒澤さん。その卓越した栽培技術の裏側に、祖父や父から受け継いだ、自然や田んぼに対する畏敬の念を感じる。

大内さんの田んぼが復活した背景には、そんな黒澤さんの除草機の存在があり、被災したその年に5ヘクタールしか栽培できなかった大内さんに、自分の田んぼを貸してくれたのも黒澤さんだった。また、被災した旧北上町の住民に、宮城県で一番早く穫れた「おもてなし」の新米を届け、励ましてくれたのも黒澤さんだ。

「黒澤さんの協力があったから、ここまでこれました。感謝しています」

そう大内さんは話していた。

3年目、農地が復旧しても栽培する人がいない

震災から3年目。大内さんの栽培面積は43ヘクタールに拡大していた。震災前の倍以上である。

「震災前は、30戸の農家の作付けを請け負っていましたが、2013年は70戸。農地が復旧しても、

米を作らなくなる人が増えているのです」

被害を受けたエリアでは、復旧工事が進み、米を作れる田んぼは増えているのに、栽培する人がいない。とくにこの年復旧した場所は、海に近い田んぼが多かった。持ち主には、家も機械も流された人が多く、中には津波の犠牲になった人もいる。稲作を再開したくても、1台1千万円以上もするコンバインを買い直せる人は少ない。必然的に機械があり、長男の竜太さんや甥の小松裕将さんのような若手の後継者がいる大内さんのところへ、「作ってほしい」と依頼が舞い込んでくる。

大内さんは国の「東日本大震災農業生産対策交付金事業」を活用して、リース方式で農業機械を導入。田植え機やトラクタ、コンバイン等、最新式の機械をもう1セット揃え、若手と3人で力を合わせ、時には黒澤さんや黒澤さんの息子の伸嘉さん、登米市の佐々木さんらの協力も得ながら3年目の大面積を乗り切った。被災地では、農地がよみがえっても、担い手と機械がないために、限られた生産者に栽培委託が集中する。そんな状況が生まれている。それについて、黒澤さんは、

「高齢化と後継者不足が全国的に進んでいますが、被災地では、それが問答無用で一気に進まざるをえなくなってしまいました。急激に栽培面積が増えるのは大変なこと。それでも大内さんなら、きっとやり遂げるでしょう」

面積が拡大したぶん、必要経費も増えている。農地の持ち主に支払う地代、圃場整備に必要な負担金、機械の燃料費や消耗品、メンテナンスに必要な費用、田植えや稲刈りを手伝う人たちの手当てなど、コストもかさんでいく。大内さんによれば、「10アールあたり9俵(540kg)穫れても、これらの

諸経費を除くと、利益は1万円残るかどうか」だという。

14年秋、全農(全国農業協同組合)が、農家に前払いする概算金が全国的に下がった。宮城県のひとめぼれが8400円(60kg)で25%減、ササニシキも25・2%も減。東北の銘柄米は過去最低まで下がっている。規模の大きな生産者ほど、そのダメージは大きい。

大内さんは、稲刈りが終わると県内や首都圏のイベントに出展して、積極的に販売を仕掛けている。稲刈りを終えて間もなく、仙台市をはじめ宮城県内のイベント開場へ。東京や首都圏の会場にも月に何度も出向いて販促活動。タフな大内さんでなければ続かない。それでも、

「全量を一人で売り切るのは無理です。農協に納める分は、どうしても安くなる。昨年に比べて1千万円の減収です。せっかく環境保全米(宮城県独自の米の基準。田んぼの地力を高め、化学農薬や化学肥料を従来の半分以下に減らす基準で育てられたもの)として栽培しても、農協へ収めた分は、よその米と一緒に販売されます。消費者のみなさんには、うちの米でなくてもいい、生産者から直接買っていただきたい」

と話していた。震災を乗り越え、大がかりな復旧工事を経て田んぼが復活しても、後継者不足、米価の低迷……日本の稲作が抱える問題が、被災地で奮闘する農家を直撃している。

「それでも誰かが作らなければ、せっかく復旧した農地が休耕田になってしまう」

津波を被り、「もう作れない」と思った場所が、年々田んぼとしてよみがえっている。一方で、作りたくても作れなくなった人たちがいる。悔しさや無念さ、そして期待も背負いながら、大内さんの大きな背中には、「何がなんでも、ここで作り続ける!」そんな強い意志がみなぎっている。

大内産業　宮城県石巻市北上町女川字中斉41　電話0225-67-2674

ゆうきの里の人々

関 元弘（福島・二本松市）

せき・もとひろ
1971年東京都生まれ。農林水産省に在職中の99年、人事交流で東和町役場（当時）へ出向。2006年に東和に移住して新規就農し、有機で野菜を栽培する。11年「ななくさブルワリー」を設立。有機JAS認証を受けた農家が集う「オーガニックふくしま安達」代表幹事。

「福島に、県外から移住して、有機農業に取り組む若者がたくさんいる場所がありますよ」

私にそう教えてくれたのは、郡山市の農家・鈴木光一さんだった（40ページ）。震災後も変わらずそこに住み、農業を続けていて、なかには震災後に就農した人もいるという。それが本当なら、日本の農業にとって〝宝物〟のようなところだと思った。その宝物のような場所は、二本松市の東和地区。2005年に合併する前は、安達郡東和町と呼ばれていたエリアだ。

「そこに関くんっていう人がいる。以前は農林水産省の官僚だったらしい」

元農水省の官僚で、福島に移住した新規就農者、そして震災後も農業を続けている関さん。いったいどんな人なのだろう。「会いたい」と思った。

大変なことは、1人ではなく、みんなで

二本松市東和地区（旧東和町）は、ＪＲ東北本線二本松駅から東へ約15㎞。阿武隈山系の標高350～400ｍに位置する中山間地域である。1970年代までは養蚕がさかんに行なわれていたが、現在は耕作放棄された桑畑が散在している。

関元弘さんは、東京出身。農林水産省に入省後、主に国際協力部門を担当。人材交流事業で99年から2年間、東和町役場へ出向していた。その後、新規就農を志す。いろいろ就農先を探した結果、暮らしたことのある東和を選び、06年9月に同僚だった妻の奈央子さんと移住を果たした。

当初、借りた家の周りには、20年以上放置されていた桑畑が広がっていた。農業を始めるには、木を切り、根を抜いて開墾しなければならない。不慣れな2人には気が遠くなるような作業だ。

「『大変なことは、1人でやっちゃダメだよ』。そう言って、地元の農家の人たちが10人くらいチェーンソーを手に集まり、次々と桑の木を切り倒してくれたんです」

と関さん。木を切っても、土の中には根っこが残る。すると今度は、

「関くん、どっかからユンボ（パワーショベル）借りてきて！」

言われるままにすると、ちゃんとオペレーターの資格を持つ人がいて、「オレやっから」と抜根作業を引き受けてくれた。

「業者に頼んでいたら、何十万円かかったかわかりません」

東和には、こんな「結い(ゆい)」の精神が息づいているのだという。住民同士はもちろん、あとからやってきた新規就農者も互いに助け合うのが通例になっている、と関さんは話す。

「地域の先輩方に受けた恩をすべて返そうとしていたら、ここでの生活は成り立ちません。自分にしてもらったことを次の人へ。次の新規就農者に返していくんです」

養蚕業が衰退し、過疎化は進む一方。そこに合併の話も出て危機感を覚えた東和の人たちは、自然豊かな里山の暮らしを軸に、コミュニティや農地、山林の再生・活性化をめざして2005年に「NPO法人 ゆうきの里東和ふるさとづくり協議会」(以下「ゆうきの里東和」)を結成する。

代表理事で、関さんの師匠でもある大野達弘さんはこう言っていた。

「山がちで平らな耕作地が限られる東和は、単一作物の大量生産には向きません。もともと養蚕がさかんな地域だったので、『殺虫剤はできるだけ使わないようにしよう』という気風も強い。それならば、少量多品目の有機栽培に特化していこう。そして5畝(5a)でも1反(10a)でも、遊休地を再生しよう。やりきれないぶんは、新規就農の人たちに手伝ってもらおう、というわけです」

だからベテラン農家の人たちは、関さんたちもあたたかく迎え入れ、1日も早くともに農業ができるようにと、惜しまず力を貸してくれたのだ。こうして堆肥や地域の資源を活用した地域循環型の農業を推進すると同時に、新規就農者の受け入れを積極的に行なってきた結果、東和には約10年で30代前後の若者36人が移住。その定着率の高さでも注目されている。

有機グループの設立総会が中止に

また、根っからお酒が好きな関さんは、就農してから数年、冬になると二本松市の大七酒造で杜氏として働いた。同社は江戸時代初期の創業で、阿武隈山系の硬水と安達太良山系の軟水が交わった水で日本酒を醸造。数少ない「生酛（きもと）作り」の蔵としても知られている。

関さんは自らも清酒を醸したいと考えていたが、新規の蔵には酒蔵免許を出さないという方針があるため「無理だ」と判断した。そこで、「年間6000ℓのビールを醸造する小さなブルワリーを設立したい」と発泡酒の免許を税務署に申請。その書類を出したのは、東日本大震災が起こる1週間前だった。

震災後、税務署の担当者から「このまま審査を続けますか？　落ち着いてからの方がいいのでは？」と聞かれ、「いや。こんな時だからこそ、やります！」と強気で初志を貫いた関さん。私は思い切って当時のことをたずねてみた。

「原発事故が起きた時、東和から避難しようとは思いませんでしたか？」

「ここは第一原発から45㎞。避難指示があったわけでもなく、周りの人が残っているのに、私たちだけ避難するわけにはいきません。調査が進んで、もし農業を続行できないような数値が出たら、しばらく三陸に出稼ぎに行こうか。2年も経過すればある程度線量は下がるはずですし、一時的に離れても、最終的には東和に戻って暮らし続けたい。そんなふうに思っていました」

幸い、栽培ができないほどの数値は検出されなかった。

「ご縁があって、好きでここに住んでいますから」

その意志は、変わらなかった。

有機野菜の新しい流れを

同じ年、関さんには、もうひとつ以前から取り組んでいたプロジェクトがあった。二本松市と安達郡の20軒の有機農家による出荷組織「オーガニックふくしま安達」の設立だ。関さんはその代表幹事として3月14日に設立総会を開く予定だったが、震災でやむなく中止に。ブルワリーと新組織、新たな試みが2つ花開くはずだったのに、出鼻をくじかれる春になってしまった。

かつて日本の「有機栽培」は、単に有機質肥料を使っているだけの人もいれば、生育初期に一度だけ最低限の農薬を使う人、徹底的に農薬や肥料を使わぬ農法で栽培している人など、捉え方はさまざまだった。そこで01年4月1日に発効した改正ＪＡＳ法により、国内で販売する農産物や農産物加工食品に「有機」「オーガニック」と表示するには、認証機関による認定を取得する義務が課せられた。有機認証を受けた生産者は、「有機ＪＡＳマーク」を貼付して販売。慣行栽培や、農薬5割減の特別栽培農産物よりも高値で取り引きされる。そこで、関さんは自分と同様に有機ＪＡＳ認証を受けている、または取得予定の仲間たちでネットワークを結成。結束することで生産量を安定させ、病害リスクの高い有機野菜に付加価値をつけて、首都圏へ送り込もうとしたのだ。

「オーガニックふくしま安達」はスタートこそ出遅れたものの、夏野菜の時期には動き始めた。「農協に物流面で協力していただいたので、物流費も安くなりました。ただ、販売量が伸びません」

原発事故後、福島県産が避けられる風潮は否めなかった。関さんたちの野菜を扱う業者のもとには、「福島産は避けてください」と書かれたFAXが届くこともあったという。

そんな状況は、震災から1年以上過ぎても続いていた。

「風評被害は、1年目よりも2年目以降に出る。『これからは直売にもっと力を入れよう』と、都内のイベントや若い人が大勢集まる場所へ出向いて販売もしています。お客さんに話を聞くと、福島県産に抵抗のある人は全体の1割ぐらい。今は直接売れる道を、自分たちで作っていくしかありません」

実際に販売量は1～2年目は順調だったが、3年目で激減している。現在、「オーガニックふくしま安達」の野菜は、NPO法人福島県有機農業ネットワークが運営するカフェ「ふくしまオルガン堂下北沢」[*]で提供・販売するほか、メンバーが育てた有機野菜をセットにした宅配も開始。新たな販路を求め続けている。

のべ400人の学者と学生が、徹底調査

早くから住民あげての里山再生や有機農業で注目されていた東和には、震災から2カ月後の11年5月、「日本有機農業学会」の研究者たちが駆けつけた。その席で「ゆうきの里東和」代表の大野さんは、「なんとかここで暮らしたい。農業を続けたい。それには調査が必要です」

＊東京都世田谷区代沢4-44-2　電話03-3411-7205

と訴えた。参加した研究者たちは学会をあげての全面協力を約束。住民の協力のもと、新潟大学農学部の野中昌宏教授や茨城大学の中島紀一名誉教授を中心に、東京農工大学、横浜国立大学、原子力開発機構などの研究者も参加して、定期的に放射性物質の土壌や作物への影響を調査。東和に通った研究者、大学院生、学生の数は、13年2月までの3年間でのべ400人以上。野中教授が福島県を訪れた回数は250回を超え、また、中島教授はこの機会に農業をもっと学ぼうと開講した「あぶくま農と暮らし塾」の塾長として講師を担当するなど、密接な関わりが続いている。

13年2月9日には、東和文化センターの大ホールで、研究者と「ゆうきの里東和」による研究報告会「里山再生・災害復興プログラム中間報告会『農の営みと農業振興』～放射能を測って里山を守る～」が開催され、二本松市の農家を中心に100人以上が参加した。

その席で、「ゆうきの里東和」の事務局の海老沢誠さんは、メンバーを代表して「ゆうきの里農作物検査から」というテーマで「道の駅『ふくしま東和』に放射線物質の検査器を導入以降、我々は2年近くで4000体以上を検査してきました。キノコや山菜が高いのは明確ですが、野菜は大部分がND。今後もきちんと測定することが必要です」と発表した。

ほかに汚染マップの作成、森林や農業用水などの汚染状況、田や畑からの作物への放射性物質の移行、堆肥の効果、里山の除染など、12人の研究者からの報告が行われた。なかでも私が興味深かったのは、新潟大学の原田直樹准教授の放射性物質の稲への移行についての発表だ。

「有機質肥料を施した水田では、放射性セシウムの玄米への移行がほとんどなく、稲わらへの移行も

2013年2月の「里山再生・災害復興プログラム中間報告会」で、東和を調査し続けた研究者の発表に熱心に耳を傾ける地元の生産者たち。

少ない。堆肥の持っているカリ分が、充分効いていると考えられます」

当時福島県では、土中の放射性セシウムが米に移行するのを抑えるため、セシウムを吸着するといわれる土壌改良剤のゼオライトと、カリ肥料を散布するよう指導していた。カリ分が欠乏すると、植物が性質のよく似たセシウムを、代わりに吸収してしまうためだ。

しかし、長年有機質肥料を投じて土づくりを続けてきた東和地区では、化学肥料を使わず、従来どおり有機質肥料で栽培したところ、玄米への移行は見られなかった。それは資材や化学肥料を用いなくても、従来の土づくりが、そのままセシウム対策に通じていることを意味している。

報告会全体を通して、東和地区の土壌がセシウムを吸着しやすい粘土質であったこと、カリウム分を豊富に含んだ牛ふん堆肥（げんき堆肥）を使っていたこと、そして生産者がひるまずに、従来の堆肥を使い続けたことが、結果的に農作物へのセシウムの移行を抑えたと言及。このことは、長らく地域循環型の農業に取り組んできた東和の人たちを勇気づけた。

ビールも作れば、ワインも作る

さて、発泡酒の酒類製造免許を申請していた関さん。11年7月に許可が下りると、自宅の敷地にプラントを作り始めた。11月初旬には最初の製品が完成。「ななくさビーヤ」と名づけた。

ベルギービールの製法にのっとり、日本の酒造法でビールの原料と定められた麦、ホップ、米、トウモロコシの以外に、副原料として地元産のユズ、柿、洋梨なども使おうと、ビールではなく発泡酒の形になった。関さんは主原料も自分たちの手で、と試験的にホップの栽培を始め、東和でも「なんとか栽培できる」ことを確認。少しずつ栽培量を増やす予定だという。

さらに、関さんたちの夢は続く。お酒の好きな仲間8人が出資して、12年9月19日「ふくしま農家の夢ワイン株式会社」を設立。東和はワイン特区に認定され、翌年製造免許を取得した。

「桑畑だった場所などもともと遊休農地が多く、そこで野菜を作っても収益が限られるのが実状です。ならば別のことができないか。ゆくゆくはブドウ畑を拡大したいですが、まずは地元の人に『ブドウを作ってほしい』と。『僕たちが買うよ』と声をかければ『じゃあ植えてみっぺ』となるはず」

最初は資金的にも労力的にも負担の少ない〝軒先果樹〟でいい。苗木を2～3本ずつ配って協力を仰ぎ、空いている畑に植えてもらったりもしている。できたブドウを少しずつ持ち寄って、1本のワインに仕上げる——そんなスタイルを目ざしている。

栽培するブドウは、日本に自生している山ブドウと赤ワイン用のカベルネ・ソービニヨンを交配させた「ヤマ・ソービニヨン」や、白ワイン用のリースリングやケルナーなど。かつて蚕を育てる稚蚕場(ちさんじょう)として使われていた建物を改装し、13年7月にはワイナリーをオープンした。1階が醸造室と研修室。中に入るとひんやりする地下は、養蚕時代に作られた倉庫で、いずれここがカーヴ(ワイン貯蔵庫)になる予定だ。

震災の年に植えたブドウは、13年に初収穫を迎えたが、まだ木が小さく収量は少ない。当面は、東和の羽山地区で栽培する特産のリンゴのシードルが「夢ワイン」の主力商品だ。ブドウが育ち、ワインの醸造が軌道に乗る日を心待ちにしている。

農家民宿やレストラン。広がるツーリズム。

関さんたちの取り組みは、まだまだ止まらない。震災後、ストップせざるを得なかった子どもを対象としたグリーンツーリズムに代わり、新たに始めたのが「コットンプロジェクト」だ。

これは「オーガニックふくしま安達」と、木綿の普及を目ざす「コットンプロジェクト福島」の共同開催で、震災の年にスタート。毎年5月に苗を定植し、10〜11月に綿の花が弾けたコットンボールを収穫する。そのたびに口コミやSNSで呼びかけ、毎回福島内外から15〜20人が集まる。

貴重な和綿の在来種「会津木綿」を育てたり、丈の大きな米綿に挑戦してみたり。まだまだ栽培面の苦労は尽きないが、ツアーを通じて都会に住む人たちとの貴重な交流の場となっている。14年5月のプロジェクトには私も参加し、木綿の苗をポットから取り出して、1本1本畑に植えつけた。

その夜、東和地区の農家民宿「ゆんた」で、参加者の交流会が開かれた。「ゆんた」は、沖縄出身の仲里忍さん(1973年生まれ)が、国の復興六起事業を活用して開いた農家民宿。07年に東和に移住した仲里さんは、有機野菜を栽培しながら、築90年を超える古民家をリフォームして1人で開業した。

そこへやってきた武藤洋平さん(1983年生まれ)は、なめこを栽培しながら、実家で農家民宿兼レストラン「季の子工房」を運営している。郡山の日本調理技術専門学校を卒業し、東京のイタリア料理店で修業した武藤さんは、この日も自家製のなめこのピザを持参。父の一夫さんは「ゆうきの里東和」や東和地区のグリーンツーリズム推進協議会を引っ張る存在で、早くから農家民宿をスタート。こんなふうに東和には、農家民宿が多く、今では13軒を数える。

この日は集まったのは、自社の「ななくさビーヤ」をサーバーごと持参した関さんをはじめ、隣の岩代地区で遊休農地を開墾して有機野菜を栽培する佐藤良喜さん、単身で埼玉県からやってきた柳瀬聡一郎さん、震災後に東京から就農した小林正典さんと愛枝さん夫妻。みんな30~40代前半だ。

「震災が起きて、これからどうなるのか不安だった時、いつも仲里さんの家でお酒を飲んでいました。テレビでは大変なことが起きていると連日報道しているけど、いまひとつ実感が湧かない。いつも通りみんなと飲んでいるうちに、なんとかなるさと前向きになれました」

そう武藤さんが話してくれた通り、仲のよさがうかがえた。みんなにビールをふるまっていた関さんは、酔っ払ってそのまま「ゆんた」にお泊まり。私が起きた時にはもう、畑へ向かっていた。

有機栽培に取り組み、お酒を醸し、民宿を営み、綿花まで育て、互いに協力し合いながら、誰もが柔軟に一人何役もこなす。かつて「百姓」と呼ばれていた人たちは、きっとこんな暮らし方をしていたのだろう。みんなで知恵を出し合い、前を向き、あの手、この手で新たな道を切り開いている。

目の前に広がっているのは、昔ながらの山村風景なのに、なぜか「懐かしいのに、新しい」と感じてしまうのは、東和の人たちの生き方、考え方が、ちゃんと明日につながっているからだ。

「大変なことは、1人でやっちゃダメ。みんなで乗り越えていこう!」

今、その心意気が必要なのは、東和だけではないはずだ。

ななくさ農園　福島県二本松市戸沢字西高内120　http://nanaxsa.web.fc2.com/

南相馬の油菜ちゃん

杉内清繁（福島・南相馬市）

すぎうち・きよしげ
1950年生まれ。福島県南相馬市原町区で稲作に従事。有機栽培に転換し、福島県有機栽培ネットワークの原町有機稲作研究会に所属。震災後、栃木県上三川町の「民間稲作研究所」で稲葉光國さんと油の原料の栽培と搾油に着手する。2014年、なたね油「油菜（ゆな）ちゃん」を発売。

福島県南相馬市の米農家、杉内清繁さんに出会ったのは偶然だった。

2013年2月。二本松市の東和地区で開かれた、日本有機農業学会の研究報告会（232ページ）に参加した帰り道。タクシーが少なく、二本松駅まで移動できずに難儀していた私に、同学会の中島紀一先生が「この人に乗せてもらうといいよ」と紹介してくれたのが、杉内さんだった。背の高いおだやかな紳士風の佇まいで、聞けば南相馬の農家の方だという。南相馬は二本松駅とは逆方向なのに、送ってもらうことになった。恐縮しながらも駅までの道すがら、ポツポツと話をした。

「南相馬で米の有機栽培をしていました。今は避難先の栃木と南相馬を行ったり来たりしています」

わざわざ栃木と往復している理由をたずねると、

「油を搾るためです」

「なぜ、油なのですか？」

「なたね、ヒマワリ、大豆。種を搾ると油が採れるこれらの作物は、葉や茎、種に放射性物質が移行したとしても、搾った油からは検出されない。それがチェルノブイリで実証されているんです」

「本当ですか？　植物ってすごい。形になったら教えて下さい。取材に行きます！」

そう言って別れた。

栃木へ避難。農地再生の道を摸索

その約束が実現したのは、14年の5月。杉内さんのお宅を訪ねた。杉内さんの自宅は、福島第一原子力発電所から20・5㎞の太田地区。震災後、原発から半径20㎞圏内は「警戒区域」に指定され、中の住民は強制避難を余儀なくされた。杉内家は、ギリギリその外側に位置している。

杉内さんは、相馬農業高校を卒業後、稲作に従事していたが、3人の娘たちの子育てが一段落した15年ほど前に有機栽培への転換を図った。周囲では農地の基盤整備が進み、稲作の規模拡大や集落営農が推進されていた時期だったが、稲作は大規模化するほど、大型機械や農薬への依存度が高くなる。当時40代だった杉内さんは、そんな流れと逆行するように、有機農家の道を歩き出した。

震災前は、9ヘクタールの圃場で米を栽培。NPO法人福島県有機栽培ネットワークの副代表も務め、南相馬市の友好都市である東京都杉並区の小学校で、出前授業の講師を務めたこともある。

震災直後、南相馬の多くの住民は避難を余儀なくされ、「まるでミステリーツアーのバスに乗り込

「チェルノブイリ救援・中部」理事の河田昌東さん、「民間稲作研究所」理事長の稲葉光國さんと一緒に(上)。杉内さんは農地再生に取り組むチェルノブイリも視察している(左)。

むように」各地の避難所を転々とし、「5〜6回移動した」という人も少なくない。杉内さんは長女が住んでいた郡山市に避難。とても米作りを再開できる状況ではなかった。

そんな杉内さんに、「栃木に来ないか」と声をかける人がいた。栃木県河内郡上三川町にある「NPO法人民間稲作研究所」理事長の稲葉光國(みつくに)さんだ。稲葉さんは県立真岡農業高校(現真岡北陵高校)で教鞭をとった後、除草剤や化学肥料を使わない稲作技術を普及させるため、研究所を設立。全国に約300人の会員がいる。

消毒を行なわないコシヒカリの有機栽培用の種子を販売したり、研修生を受け入れて就農者を育成。また、有限会社日本の稲作を守る会という販売組織を立ち上げ、農産物や加工品の販売も行なっている稲葉さん。その招きに応じた杉内さんは研究所のそばに家を借り、避難生活を送りながら、南相馬の農地再生の道を探し始めた。

2人で検討を重ねた結果、名古屋にある「NPO法人チェルノブイリ救援・中部」理事の河田昌東（かわたまさはる）さんの研究にたどり着いた。河田さんは分子生物学の専門家で、1990年から、チェルノブイリ原発事故の汚染地域であるウクライナ・ナロージチ地区に入り、医療救援活動などに取り組んできた。ウクライナの農地再生にも取り組み、なたねを植えてバイオディーゼル燃料を作る「菜の花プロジェクト」を推進。東日本大震災後は、南相馬に「放射能測定センター・南相馬」を設立して、市民とともに空間線量マップを作成するなど、地域再生のために尽力している。

河田さんはヒマワリ、なたねなど油の採れる作物は、土中のセシウムを吸収する力が強いので除染に活用できること。そして、その種子を搾った油からは、放射性物質が検出されないことを、ウクライナで突き止めていた。2人はこの研究成果に希望を見い出したのだ。

さっそく杉内さんは、あえて南相馬の中でも高濃度に汚染された場所でヒマワリ、大豆、なたねを栽培。収穫した種子から油を搾って調べたところ、いずれも検出限界を下回っていた。放射性セシウムは水溶性のため、植物は土壌中の水に溶けてイオン化したセシウムを根から吸収することで汚染される。ところが、セシウムは油には溶けない性質があるので、種子を搾油すると、すべて水分を含む油かすに残り、油には移行しない。大豆、エゴマ、ヒマワリも同様である。

「なたねを栽培して油を搾ろう。販売していこう」

稲葉さんと杉内さんはそう決意したのだった。

韓国製の搾油機を入手

なたね、大豆、ゴマ……日本における食用油の自給率は極めて低く、わずか4％にすぎない。1960年代までは30％前後を占めていて、春になると全国各地で菜の花畑で集めた種を乾燥させて油屋に持ち込んで搾る。そんな光景がごく普通に見られたという。杉内さんの母・良子さんによれば、「40年ぐらい前までは、この辺の農家はみんななたねを作っていました。近所の油屋さんに種を持ち込むと、一升瓶に入って返ってきて。それで1年分の油がまかなえたんです」

今ではそうした光景も見られなくなり、食用油の原料の大部分をカナダ産のキャノーラ(品種改良により有害なエルカ酸を減らしたなたね)や、アメリカ産の大豆が占めている。しかも搾油効率を上げるために、種子を溶剤で溶かし、揮発させて油を抽出する。そんな中で国産の原料を、昔ながらの圧搾法で搾る食用油は、きわめて貴重な存在だ。

ほかに数軒の農家が参加して、「グリーンオイルプロジェクト」はスタートした。育てるのはなたね、ヒマワリ、大豆の3種だが、最初に譲り受けた搾油機は、昔ながらの「圧搾式」。それで大豆を搾っても、油の含有率が低く、豆がつぶれるだけでちっとも油が搾れない。そんな時、2人は韓国に「スクリュー式」の搾油機があることを知る。らせん状の溝の中で、ゆっくり種子を潰して搾油するので、大豆も搾れるという。2人は11年7月、韓国のメーカーを訪ね、この搾油機を導入した。稲葉さんは研究所内に、新たに搾油施設も設立。これらに必要な資金は、上三川町の生協の組合員や、グリーンオイルプロジェクトに賛同する人たちの支援金でまかなった。

一方の杉内さんは南相馬に戻り、11年10月、田んぼだった場所に「キラリボシ」という品種のなたねを播いた。震災以降何も栽培していなかったので、一面雑草だらけだったという。それでも、ハンマーナイフモアという機械で雑草を粉砕し、ボランティアの手も借りて種を蒔いた。翌年の7月には、3・6ヘクタールの農地から約3ｔのなたねが収穫できた。

また、杉内さんは12年、13年と小面積で試験的に米も栽培したが、同じ太田地区で13年産米から基準値の100ベクレル（1kgあたり。以下同）を超える米が見つかり、地元の人たちはショックを隠せなかった。

「原因は太田川の水なのか、それとも新たに原発から飛散した粉塵なのか……。とにかく米を作り続けて、原因を探るしかない」

と、悔しさを押し殺しながら、14年の春も淡々と苗の準備を進めていた。

地元の高校生が名付け親

杉内さんたちがなたねの栽培と搾油、そしてできた油の検査を繰り返し、ようやく販売できる形になったのは、13年の秋のこと。民間稲作研究所のホームページやイベントなどで販売を始めた。

私が搾油所を訪れた時、小さな部屋には梅酒を漬け込むような広口ビンが、何本も並んでいた。

「セシウムを完全に除去するには、ろ過を充分に行なわなければなりません」

搾った油は約1週間静置して不純物を沈殿させたあと、ペーパーフィルターを使ってろ過する。こうすることで純度の高い油ができる、と稲葉さんが教えてくれた。

ところが、ビンのラベルには商品名が明記されていなかった。

「杉内さん、申し訳ないけど、このままでは売れないと思います。わかりやすい商品名とラベルが必要です」

私が正直な意見を私が伝えると、杉内さんは、

「農家の私は、ラベルのデザインなんて、やったことがないから」

たしかにそうだ。咄嗟に、私はこんなことを提案していた。

「では、相馬農業高校の生徒さんにお願いしてみてはどうでしょう？」

その前の年、私は農業新聞の取材で相馬農業高校を訪れていた。震災直後、原町区の緊急時非難準備区域内にあった同校は、11年5月、隣の相馬高校に移転し、不自由な環境の中で授業を再開(区域が解除されたため、同年11月14日、元の校舎に復帰)。落胆しがちな大人たちを励まそうと、花の苗を育てて駅前や商店街に飾ったり、放射性物質の汚染や塩害にあった南相馬の農地を取り戻す方法を探るなど、農業高校ならではの持ち味を生かして大奮闘していた。その中に、津波の被害を受けた農地になたねを植え、搾油まで行なう「菜の花プロジェクト」があった。偶然、杉内さんと同じなたねに希望を見出していた高校生たち。農業に詳しく、南相馬におけるなたねの持つ意味もよく知っている彼らなら、ぴったりの名前をつけてくれるような気がした。

「それがいい!」

そういう杉内さんも、この学校の卒業生だ。思いつきで高校生に協力を願い出たものの、これは商業デザインのプロのアドバイザーが必要だと思い、たまたま「イノベーション東北」という団体を通して知り合ったデザイナーの青柳徹さんと、相馬農業高校を訪れたのは14年7月。

「どんな名前にする?」

思い思いに名前を書いたふせんを貼り出し、出てきたのは「菜油(NABURA)」という名前だった。

その帰り道、農業クラブの顧問の齋藤勇樹先生の案内で、相馬農業高校の生徒たちがなたねを栽培していた海辺の雫(しどけ)地区を訪れた。被害が大きかったこの場所は津波の跡がまだ生々しく、家も田畑も、人の気配すらなくなってしまっている。でも、5月になると、なたねを蒔いた場所が真っ黄色のじゅうたんを敷いたようになるという。傷ついた大地になたねを蒔き、種子を採り、乾燥させ、搾油して、安全性を確認して販売するということは、南相馬の再生の大切な一歩なのだと知らされた。

2日後、齋藤先生から電話がかかってきた。

「三好さん、生徒たちが名前をひっくり返して『油菜(ゆな)ちゃん』がいい、と言っているんですが……」

それを聞いた瞬間、

「それ、いいかもしれません。小さな女の子みたい。きっとみんなに愛される!」

「ちゃん」がついたことで、ぐっと親しみやすくなった。ラベルには南相馬の真っ青な空と海を想起

「油菜ちゃん」は現在、道の駅南相馬、野馬追通り銘醸館などで販売中。

させる鮮やかなブルーを背景に、ミツバチの羽を持つ小さな女の子の絵。相馬農業高校の生徒が描いたデザイン画を元に、青柳さんが完成させてくれた。

こうして8月24日、「油菜ちゃん」はデビュー。南相馬の農地再生のシンボルとして歩き始めた。油菜ちゃんをゲルマニウム半導体検出器で長時間測定したところ、検出限界0・03ベクレル(1kgあたり)でもND(検出限界以下)の結果を得ている。安全性も折り紙付きだ。

杉内さんも含めて生産者は7名に増え、14年産のなたねから、約7千本の油を搾油する見通しだ。「油菜ちゃんがね」「油菜ちゃんのさ」「油菜ちゃんがよ……」

地元の人たちがこの油の話をする時は、なんだか親しげだ。単なる商品ではなく、知り合いの女の子を世に送り出すような感覚になるのかもしれない。

1本270gで1000円(税別)。けっしてお手頃な価格ではないが、ほんのり菜花をゆでた時のような、アブラナ科特有の香りがあり、これで揚げ物をすると、サクサクと軽やかに揚がり、胸やけをしない。杉内さんや、油菜ちゃんを使ったことがある地元のお母さんたちのお墨付きだ。「油疲れしないぶん、揚げ油を少しずつ継ぎ足していけば長く使える」と言う声も多い。

「かつて南相馬には畑の隅になたねを蒔いて、自分で油を搾る農家も多かったので、仮設住宅に住むお年寄りが、油菜ちゃんを見て『なつかしい』と言ってくれたそうです。津波や原子力災害で傷ついた南相馬の人たちが、油菜ちゃんを通して、少しでもやさしい気持ちになれるように。まずは地元の方々の食卓や家庭に広まっていくことを願っています」

杉内さんが稲作を再開して3度目の秋、

「今年は、お米も大丈夫でした」

ホッと安堵した様子。14年産米の検査結果は、いずれも基準値を大幅に下回り、米作りにもやっと希望の光が見えてきた。震災から3年半が経ち、ようやく世に出たなたね油の「油菜ちゃん」は、生みの親の杉内さんとよく似ている。南相馬の農業が復活する日まで、決して諦めないがんばり屋なのだ。

安全性の高い、国産の植物油を取り戻して、食べる人を健康に。そして、南相馬の再生という願いを込めて、油菜ちゃんがゆっくりと歩き始めた。

南相馬農地再生協議会　福島県南相馬市原町区錦町2-67　電話0244-23-5611

すごい生産者リスト

本書で訪ねた人たち以外にも、まだまだ「すごい生産者」は存在します。実際に奥田シェフがレストランで普段から使っていたり、三好さんが取材を重ね、記事にしてきた生産者を紹介します。

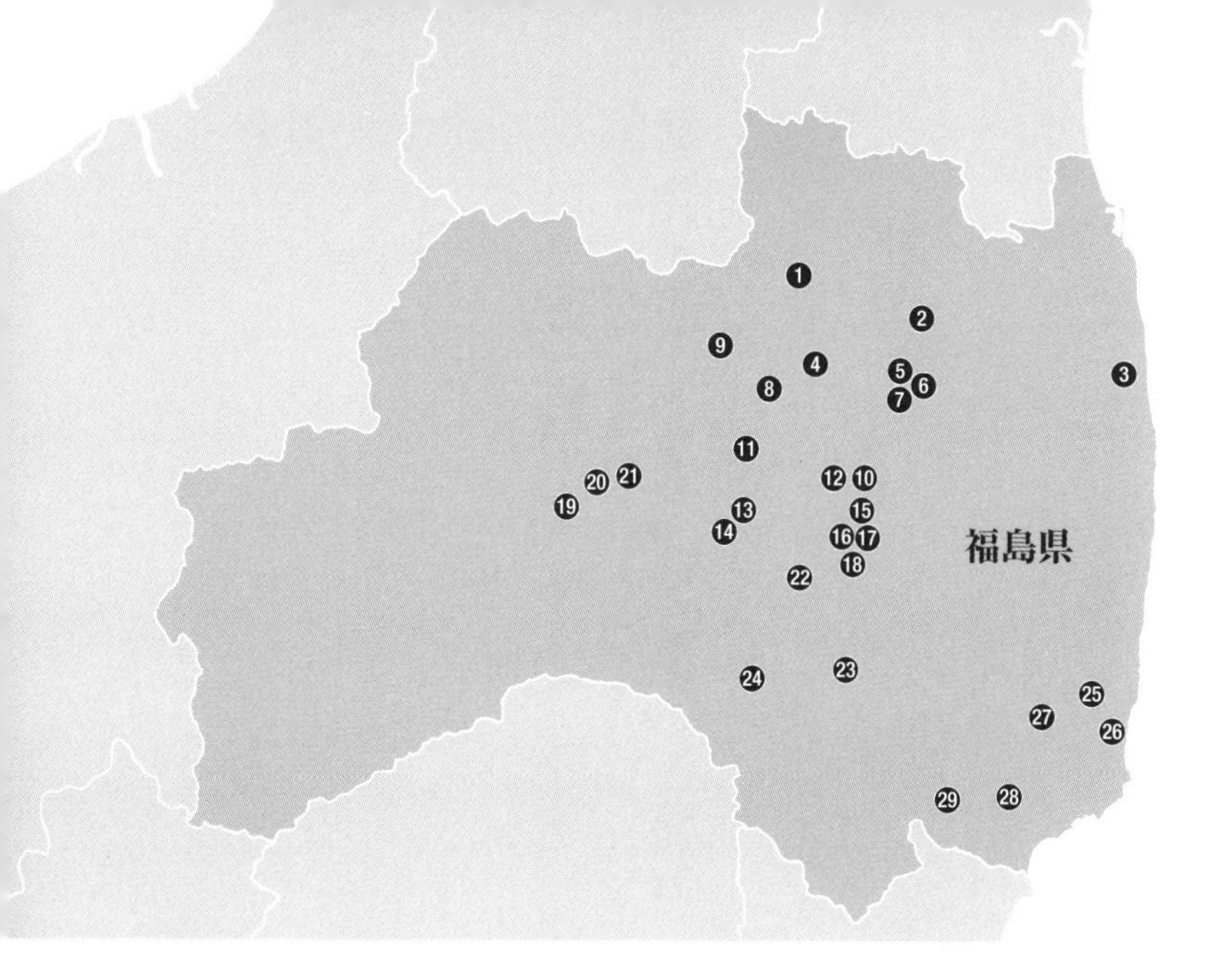

福島県のすごい生産者

[福島市]
❶ 加藤修一さん
（桃、リンゴ、さくらんぼ）

[川俣町]
❷ 斎藤正博さん
（川俣シャモ）

[南相馬市]
❸ 杉内清繁さん
（米、なたね油）

[二本松市]
❹ 渡邊永治さん（米）
❺ 関 元弘さん（有機野菜・ビール・コットン）
❻ 仲里 忍さん
（有機野菜・農家民宿）
❼ 武藤洋平さん
（なめこ・農家レストラン）

[大玉村]
❽ 鈴木博之さん（米・団子）

[猪苗代町]
❾ 武田利和さん（米）

[三春町]
❿ 渡辺祐子さん
（菌床しいたけ）

[郡山市]
⓫ 富塚弘二さん（野菜）
⓬ 武田晃一さん（うねめ牛）
⓭ 鈴木光一さん（野菜）
⓮ 橋本一弘さん（野菜）
⓯ 濱津洋一さん（野菜）
⓰ 佐藤喜一さん
（自然農野菜・ゴマ）
⓱ 鈴木清美さん
（ジャンボなめこ）
⓲ 降矢敏朗さん・セツ子さん
（放牧豚・スプラウト・夏イチゴ）

[会津若松市]
⓳ 遠藤憲二さん
（会津身不知柿）
⓴ 宮森大典さん（馬肉）
㉑ 関澤好春さん（会津地鶏）

[須賀川市]
㉒ 小沢充博さん
（完熟いちご）

[石川町]
㉓ 小豆畑守さん（自然農野菜）

[泉崎村]
㉔ 中野目正治さん
（夢味ポーク）

[いわき市]
㉕ 元木寛さん（トマト）
㉖ 矢吹正一さん
（いわき漁協）
㉗ 白石長利さん（自然農野菜）
㉘ 坂本和徳さん（西洋野菜）
㉙ 蛭田チイさん（在来の豆）

岩手県のすごい生産者

[洋野町]
❶ 下苧坪之典さん(ワカメ・アワビ加工)
❷ 吹切 守さん(アワビ)
❸ 磯崎元勝さん(ホヤ)
❹ 磯崎 司さん(ホヤ)

[一戸町]
❺ 三谷剛史(フロマージュブラン)

[八幡平市]
❻ 高橋 愛さん(八幡平サーモン)

[岩泉町]
❼ 昆 東子さん(松茸)
❽ 茂木和人さん(どんぐり製品)

[花巻市]
❾ 石黒幸一郎さん(ホロホロ鳥)
❿ 高橋 誠さん(白金豚)
⓫ 安藤誠二さん(マイクロリーフ)

[奥州市]
⓬ 佐藤章昭さん(野菜)

[一関市]
⓭ 橋本晋栄さん(豚肉)

[住田町]
⓮ 佐藤道太さん(ニンニク・ズッキーニ)

[陸前高田市]
⓯ 藤田 敦さん(牡蠣)
⓰ 佐々木隆志さん(北限のゆず)
⓱ 金野秀一さん(リンゴ)

[大船渡市]
⓲ 佐々木敦さん(ホタテ)

宮城県のすごい生産者

[気仙沼市]
❶ 石渡久師さん(フカヒレ)

[南三陸町]
❷ 工藤忠清さん(牡蠣)
❸ 阿部英文さん・仁文さん(ワカメ・アワビ)
❹ 小野政道さん(トマト・イチゴ・菊)

[石巻市]
❺ 榊 照子さん(焼きハゼ)
❻ 大内 弘さん(米)

[登米市]
❼ 伊藤秀雄さん(伊達の赤豚)

[栗原市]
❽ 関村清幸さん(漢方和牛)

[涌谷町]
❾ 黒澤重雄さん(米)

[東松島市]
❿ 阿部 聡さんほか(トマト・キュウリ・イチゴ)

[仙台市]
⓫ 萱場哲男さん
(仙台白菜・野菜・農家レストラン)

[名取市]
⓬ 三浦隆弘さん(セリ・ミョウガタケ)

[岩沼市]
⓭ 八巻文彦さん(トマト・米)

[山元町]
⓮ 渡邊正俊さん(イチゴ)

[角田市]
⓯ 堀米荘一さん(和牛)

[蔵王町]
⓰ 平間拓也(ハーブ)

[白石市]
⓱ 志村竜海さん・竜生さん(鶏卵)

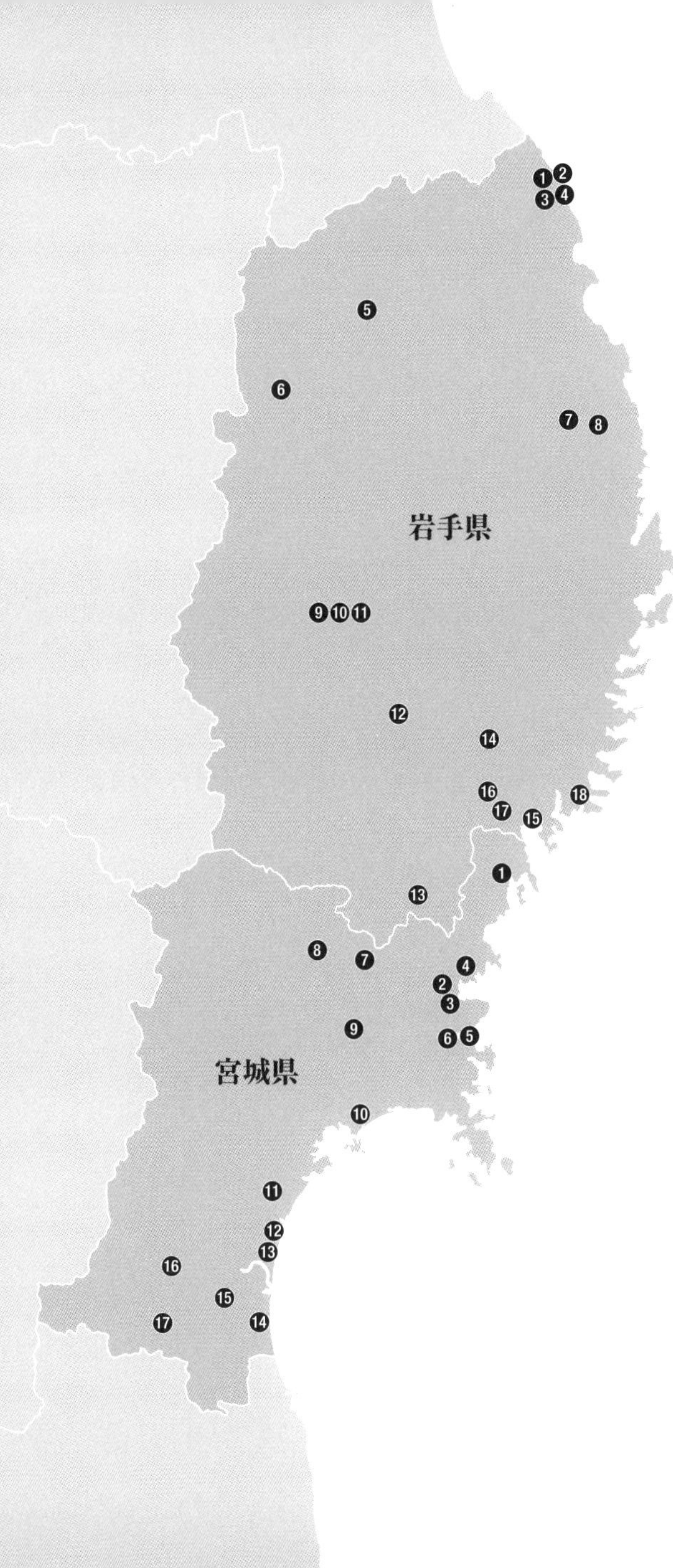
岩手県
宮城県

おわりに

東日本大震災が起きて、私はすぐに弟子とともに、彼の家族を探しに牡鹿半島の先まで行きました。その時に見た世界は現実離れし、このまま料理をしていてよいのだろうかと思いました。そんな時に庄内の生産者の方々に「俺たちの翼になってくれ」と野菜などの生産物を託されました。気持ちは「行くしかない」に変わって、以前から東北の食材の振興で一緒に活動していた岩手「ロレオール」の伊藤勝康シェフを訪ね、伊藤シェフと互いのスタッフと庄内の食材と一緒に、数多くの避難所に炊き出しに行きました。やがてその輪はどんどん大きくなり、日本中から多くの人、多くのシェフたちが助けに来てくれました。

一方、私の山形の店は暇になり、仕事もなくなりました。スタッフの気持ちが揺れ動いていた時に、ある生産者の方が毛つきの鳩を毎日店に60羽持って来るのです。スタッフはその毛を一心不乱にむしります。むしらなければ、また明日鳩がやってくる！　揺れ動いていた気持ちも、料理をするというモードになり落ち着き始めました。その経験から、被災地のお母さんたちにはまな板と包丁をプレゼント。みなさん自分の居場所を見つけると気持ちが収まり、前向きに物事を考えるようになりました。おいしい料理はみんなの気持ちを解放してくれたのです。少しずつですが、それまで話せなかった自分の心のうちを話してくれました。いろんな気持ちを受け、炊き出しの料理は心と心をつなぐものへと変わっていきました。料理の力はやっぱりすごい。

やがて生産者の方々が自立できる仕組みを作らなくてはいけない、と伊藤シェフと岩手の生産者の方々と行動を始めました。料理人がどっちを向き、何のために料理をするのか？　強く問いただされた日々、助けに来てくださった人たちと炊き出しを終えた深夜に伊藤シェフの店で語り合った日々。そんな時に、同じように行動をしていた三好かやのさんと久しぶりに出会ったのです。三好さんは以前から日本の生産者のすぐそばでその気持ちを書いていたライター。「日本のためにやらなくてはいけない！」と意気投合。

「生産者に夢と誇りと安定と日々の小さな幸せを取り戻そう！」

「今度は私たちが生産者の方々に恩返しをする時」

そんな気持ちの化身が、今回行く先々で作った料理たちです。それぞれの生産物で簡単にスピーディに作れるものばかり。もちろん家庭でもできます。

東北に震災以前のような元気な粒子が集まって美しい日本になれますように――。

今回の試みを理解して東北のために書籍にしてくださった柴田書店さん、私を追い回したかやのさん、東北の生産者の皆さん、ありがとうございます。頑張れ東北！

２０１５年2月　アル・ケッチァーノ　奥田政行

磯崎元勝さん・司さんのホヤ

「ホヤとマンゴーの和えもの、南部ダイバー磯崎風」

ホヤをさばき、食べやすく切る。「酢いか(イカと大根、ニンジンの甘酢漬け)」から大根とニンジンを取り出し、食べやすく切ったマンゴーとセロリと合わせ、ホヤを和える。皿に剣山ワカメを敷いてホヤの和えものを盛り、オリーブ油をかける。

萱場哲男さんの白菜

「仙台白菜のブルーテ」

仙台白菜を切り分け、牛乳で煮る。小麦粉をバターで炒めてルウを作り、白菜と煮汁の牛乳、ブイヨンを交互に加えながらベシャメルソースの要領で煮る。クタクタになった白菜を取り出してミキサーにかけ、漉してからベシャメルソースと合わせて冷ます。生の白菜の搾り汁を加える。器にトマト豆腐(豆乳にミキサーにかけたトマトを加え、にがりで固めたもの)を盛り、スープを流す。

榊 照子さんの焼きハゼ

「焼きハゼのコンソメにレンズ豆のリゾットと仙台セリの先っちょ」

焼きハゼを水から煮出してだしをとり、牛肉のコンソメに加えて塩で味をととのえ、スープとする。皿にリゾット(タマネギとニンニクのみじん切りを炒め、生米とレンズ豆とシイタケを加えて鶏のブイヨンで炊く。仕上げに塩、コショウをする)を盛り、スープを流す。セリの葉の先を添える。

■取材協力(敬称略)

八神純子、長谷川潤、加藤真紀子、出雲文人、佐藤初代、田向常城、金萬智男、鵜丹谷清和、高木 厚、中山 弘、柴田 泉、佐藤 豊、誠文堂新光社『農耕と園芸』編集部

[福島県] 鹿野正道、大津恵一郎、日本調理技術専門学校、田村久美子、松岡 正、本名善兵衛、株式会社柏屋、佐藤健一、佐久間伸行、菅野豊臣、福島大学スタ☆ふくプロジェクト

[宮城県] 渡辺征二、阿部ユミ、スローフード仙台、新島正益、わのしょく二階

[岩手県] 喜利屋、館ヶ森アーク牧場、狩野美紀雄、ホテルメトロポリタン盛岡

■参考文献

本川達男編著『ウニ学』東海大学出版会

佐藤矩行編『ホヤの生物学』東京大学出版会

濱田武士『震災と漁業』みすず書房

板倉聖宣『白菜のなぞ』平凡社ライブラリー

山形在来作物研究会編『おしゃべりな畑』山形大学出版会

みやぎの食を伝える会編著『ごっつぉうさん』河北新報出版センター

野中昌法『農と言える日本人』コモンズ

寺島英弥『東日本大震災 希望の種をまく人びと』明石書店

『みやぎの輝き食材カタログ』宮城県農林水産部食産業振興課

『旬がまるごと17　はくさい』ポプラ社

奥田シェフが本の中で作ったレシピ

三浦隆弘さんのセリ

「セリの仕返し、鴨の恩返し」

真鴨の胸肉の皮に切り込みを入れ、塩、コショウをする。皮を下にしてフライパンに入れて、脂が出てきたら鴨にかけながら焼く。途中でざく切りにしたセリの根の部分だけを入れてさっと加熱して取り出し、鴨はアルミ箔で包み、温かい場所に置いて余熱で火を入れる。鴨の皮目を焼いてパリッとさせ、食べやすく切り分ける。鴨とセリの根を皿に盛り、生のセリの葉と茎を添える。

鈴木光一さんの野菜

「ロマネスコのクリスマス」

ロマネスコ(カリフラワー)を縦に薄く切ってツリーの形に見立てる。別にロマネスコのつぼみの部分を適宜に切る。ホタテに塩をふり、オリーブ油とニンニクのみじん切りでソテーし、ロマネスコのつぼみを加えてさっと炒める。塩、アンチョビー、レモン汁で味をととのえる。以上を皿に盛り、ロマネスコのツリーを散らす。

工藤忠清さんの牡蠣

「カキとカキビネガーのパプリカ」

黄パプリカをミキサーでピュレにし、さっと加熱してから冷ます。エシャロットのみじん切りを柿酢に20分ほど漬ける。牡蠣の殻にパプリカのピュレを敷き、カキ、エシャロットのマリネをのせ、セルフイユを添える。

加藤修一さんの桃

「あかつき、生ハム、ヤギのリコッタ」

ひと口大に切った桃(あかつき)を皿に並べ、自家製のヤギのリコッタチーズと生ハムを手でちぎってのせる。フェンネルを散らし、黒コショウを挽く。オリーブ油をかける。

「桃とトマトのカッペリーニ」

桃(あかつき)をひと口大に切る。湯むきしたトマトをきざんで塩をふり、桃と一緒にオリーブ油であえる。細いパスタ(カッペリーニ)をゆでて水で冷やす。水気をきり、オリーブ油とフェンネルの葉をからめる。パスタを盛り、桃とトマトをのせる。

「漢方和牛と桃のロースト」

牛モモ肉のブロックに塩をふり、フライパンで表面をゆっくり焼いてからしばらく休ませる。桃(あかつき)を大きめに切り、焦げ目がつくまで焼く。途中で肉を焼いた時の肉汁を加える。牛肉をスライスして皿に盛り、桃をのせる。ソース(焼いた桃を少し取り出し、水を加えてやわらかく煮る[A]。別鍋でタマネギを炒めて塩をし、フランボワーズヴィネガーを加えて煮詰める。ここにAと桃のコンポートのシロップを加えてしばらく煮て黒コショウをふる)をかける。

下苧坪之典さんのアワビ

「アワビのステーキ風」

一夜干しアワビ(カチカチに乾燥していないもの)を日本酒と水、アサリ、ゴボウの薄切りと一緒にやわらかく煮る。アワビの肝とバターを細かくきざみ、アワビの煮汁に加えてとろみをつけてソースにする。皿にゴボウを敷き、上にアワビをのせる。肝ソースをたっぷり流し、好みでセリか三つ葉を散らす。

奥田政行

1969年山形県鶴岡市生まれ。2000年、鶴岡にイタリア料理店「アル・ケッチァーノ」を開業。地元食材の持ち味を引き出す独自のスタイルで人気を博す。「食の都庄内」親善大使。10年辻静雄食文化賞受賞。07年「イル・ケッチァーノ」、09年東京・銀座に「ヤマガタ サンダンデロ」、14年には"福島 食の復興"がテーマの「福ケッチァーノ」を福島県郡山市にオープン。東日本大震災以降、継続して被災地の支援に取り組み、「東北から日本を元気に」すべく奔走中。

アル・ケッチァーノ

山形県鶴岡市下山添一里塚83　電話0235-78-7230
http://www.alchecciano.com/

三好かやの

1965年宮城県生まれ。食材の世界を中心に、全国を旅するかーちゃんライター。20年前、農家レストランで修業中の奥田氏に邂逅以来、ことあるごとに食材と人、気候風土の関係性について教示を受ける。震災後は、東北の食材と生産者を訪ね歩いて執筆活動中。共著に『私、農家になりました』(誠文堂新光社)。

東北のすごい生産者に会いに行く

初版印刷　2015年2月1日
初版発行　2015年2月15日

著　者 ©　奥田政行(おくだ・まさゆき)
　　　　　三好かやの(みよし・かやの)
発 行 人　土肥大介
発 行 所　株式会社 柴田書店
　　　　　〒113-8477　東京都文京区湯島3-26-9 イヤサカビル
　　　　　営　業　部　03-5816-8282(注文・問合せ)
　　　　　書籍編集部　03-5816-8260
　　　　　URL　http://shibatashoten.co.jp
印刷・製本　シナノ書籍印刷株式会社

ISBN978-4-388-35349-1
Printed in Japan